KB103912

눈, 장, 여성, 수면 건강

약국에서 만난
건강기능식품

눈, 장, 여성, 수면 건강

약국에서 만난
건강기능식품

노윤정 지음

생각비행

약국에서 만난 건강기능식품

제가 약국 일을 시작한 2009년만 해도 약국에서 판매하는 건강기능식품의 종류는 많지 않았습니다. 2004년 〈건강기능식품에 관한 법률〉이 개정된 뒤 약국에서도 오메가3와 프로바이오틱스를 비롯한 몇몇 제품을 판매하긴 했지만, 아직 건강기능식품 시장 자체가 그리 크지 않던 때였습니다. 지금은 어떨까요? 한국건강기능식품협회에서 발간한 〈2018 건강기능식품 시장 현황 및 소비자 실태 조사〉*에 따르면, 건강기능식품

✦　　한국건강기능식품협회는 제조사·유통사 매출 및 소비자 설문 조사를 바탕으로 매년 말 〈건강기능식품 시장 현황 및 소비자 실태 조사〉 자료를 발간합니다. 유통 채널별 상세 매출액 확인은 어려우나, 소비자 설문 조사로 소비자 구매

인터넷몰	35.9%
대형할인점	15.5%
다단계 판매	12.5%
약국	10.9%
기타	6.7%
	방문 판매 4.9%

[유통 채널별 시장 점유율(선물 제외, 구매 건수 기준)]

시장 규모는 4조 3000억 원에 달합니다(2018년 기준). 또 식품의약품안전처의 〈건강기능식품 생산 현황〉**을 보면 건강기능식품 산업은 2009년 이후 지금까지 꾸준히 10%가 넘는 성장세를 보이고 있습니다.

한국건강기능식품협회가 소비자 1200명을 대상으로 설문

건수의 유통 채널별 점유율을 추정하고, 제조사·유통사 매출 보고로 각 채널의 매출 점유율을 평가합니다.
**　　건강기능식품 제조업자가 보고한 생산 실적 자료를 활용해 식품의약품안전처에서 발행합니다.

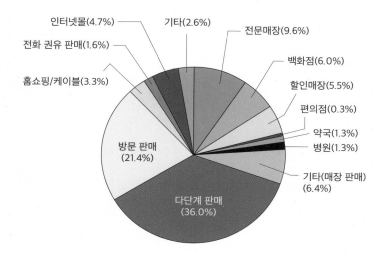

출처: 한국건강기능식품협회, 〈2018 건강기능식품 시장 현황 및 소비자 실태 조사〉

[유통 채널별 매출 점유율]

한 결과에 따르면, 선물을 제외한 건강기능식품 직접 구매 건수를 기준으로 유통 채널별 점유율이 인터넷몰(홈쇼핑 포함) 35.9%, 대형할인점 15.5%, 다단계 판매 12.5%, 약국 10.9% 순서로 나타났습니다. 그러나 모든 구매를 포함해 기업이 보고한 매출 실적으로 평가하면 다단계 판매가 36.0%, 방문 판매가 21.4%의 점유율을 보였습니다. 반면 약국은 1.3%로,

4조 원이 넘는 건강기능식품 시장에서 차지하는 매출은 여전히 작습니다.

약국이 구매 건수 대비 매출 비중이 낮은 이유를 추측해볼 수 있는 자료는 '가구당 평균 구매액'입니다. 보통 다단계, 방문 판매는 가족 건강을 위한 제품까지 함께 구매하는 경향이 있고 가격도 높은 편이라 가구당 평균 구매액이 30~50만 원인 반면, 약국은 약 9만 5000원으로(인터넷몰은 약 15만 원) 구매 건수 대비 매출액이 낮았습니다. 물론 이것만으로 10.9%의 구매율 대비 1.3%의 매출을 전부 설명할 수는 없지만, 안타깝게도 약국의 건강기능식품 시장을 더 자세하게 분석한 자료는 찾기 어렵습니다.

데이터로 볼 때 시장 성장 속도는 느리지만, 약국에서 판매 및 유통하는 건강기능식품은 매년 늘어나고 있습니다. 2015년 전후로 약사가 직접 운영하는 건강기능식품 유통기업이 증가하고, 제약회사에서도 건강기능식품 사업을 확장하면서 그 종류가 더욱 다양해지고 있습니다. 소비자 설문 조사에서도 약국에서의 구매 건수 비중이 2016년 8.7%에서 2018년 10.9%로 조금씩 상승하고 있습니다. 약국에서 건강기능식품을 구입하는 이유로는 '믿을 수 있어서'라는 응답이 35.9%로 가장 높았습니다. 또 '자세한 설명을 들을 수 있어서'라는 응답도 12.5%에 달했습니다. 즉, 약국에서의 건강기능식품 구매 건수가 증가한 데는 믿을 수 있는 건강기능식품 정보에 대한 소비자들의 요구가 반영되었다고 볼 수 있습니다.

그러나 여전히 건강기능식품 시장의 성장을 간단하게 '마케팅'의 힘으로 평가하며 좋지 않은 시선을 보내는 사람이 많습니다. 약국에서 건강기능식품을 판매하는 것은 옳지 않다며 건강기능식품을 아예 취급하지 않는 약사도 있습니다. 하지만 성장하는 건강기능식품 시장의 내막을 자세히 들여다보면 단순히 '상술'로 볼 수만은 없습니다. 2025년 초고령사회✚ 진입을 앞두고 셀프 메디케이션self-medication을 장려하는 사회 분위기 속에서 건강한 삶을 유지하려는 방향으로 국민의식이 변한 것이 건강기능식품 시장의 성장에 큰 역할을 했습니다. 또

✚ 초고령사회란 전체 인구 중 65세 이상 고령인구의 비율이 20% 이상인 사회를 말합니다. 통계청이 발표한 〈2018 고령자 통계〉에 따르면, 전체 인구 중 65세 이상 인구(외국인 포함)는 14.3%로, 이미 한국은 고령사회(전체 인구 중 65세 이상 인구 14% 이상)로 접어들었습니다.

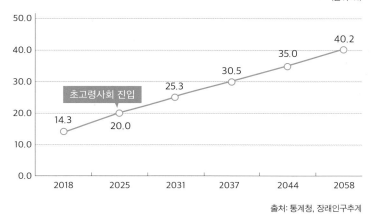

(단위: %)

출처: 통계청, 장래인구추계

[총인구 중 65세 이상 노인 인구 비율 추이]

한 건강기능식품 섭취 후 달라진 삶의 질을 경험한 사람들이 재구매를 하면서 시장이 자연스레 성장할 수 있었습니다. 상술과 마케팅만으로는 시장의 성장에 한계가 있습니다. 맛없는 식당, 가격 대비 질이 나쁜 제품의 수명이 길지 않은 것처럼 말이죠.

혹자는 건강기능식품이 임상적 근거도 부족하고 오히려 사망률을 높일 수 있다며 먹을 필요가 없다고 합니다. 그러나 이는 건강기능식품의 본질을 오해한 평가입니다. 건강기능식품은 질병 치료를 주목적으로 하는 의약품이 아닌데, TV에서 건강기능식품 시장의 성장을 이끄는 사람들 대다수가 의사나 한의사 같은 의료직 종사자이다 보니 어쩔 수 없이 이런 오해를 받게 됩니다. 하지만 한편으로는 그들이 전문가로서 건강기능식품의 이점을 먼저 인지하고 전파함으로써 많은 사람이 건강한 삶을 누릴 수 있도록 도움을 준 점은 부정할 수 없습니다. 저 역시 프로바이오틱스의 중요성을 깨닫고 꾸준한 섭취로 과민성장증후군의 불편함에서 벗어나 편안한 생활을 하게 된 뒤로 건강기능식품에 대해 더 많이 공부하고 상담하게 되었으니까요.

하지만 10년 동안 약사로 고객 혹은 환자를 만나며 건강기능식품이 본래의 역할을 넘어서는 사례를 곧잘 경험하면서 고민이 들었습니다. 약물 치료를 받아야 하는 상황에서 잘못된 길로 가는 환자가 가장 큰 문제였습니다. 2년 전 약국 운영을 그만두고 약국 유통 전문 건강기능식품 회사에서 일하면서 전국의 약국과 업계의 상황을 들여다보게 되니 그 고민이 더욱 깊어졌습니다. 그리고 건강 증진을 위한 건강기능식품과 함께 질병 치료를 위한 일반의약품, 전문의약품을 모두 다루는 '약국'의 역할을 다시 생각해보게 되었습니다.

　약국에는 불편 증상 해소를 위해 소화제, 진통제 같은 일반 의약품을 구매하는 사람부터 감기 같은 경중질환 혹은 고혈압과 당뇨병 같은 만성질환으로 전문의약품을 처방받는 환자까지 다양한 건강 상태의 사람들이 방문합니다. 그리고 많은 사람이 평소 건강 관리를 위해 건강기능식품을 섭취합니다. 건강기능식품은 일상의 식단에서 부족하거나 약물을 복용하는 과정에서 소모되기 쉬운 영양소를 보충해 건강한 삶에 도움을 줍니다. 그러나 경중질환 초기나 만성질환에 복용하는 약물의 역할을 대체하긴 어렵습니다. 예를 들어 고혈압 진단을 받고 두 종류 이상의 혈압약을 처방받은 환자가 약물 대신 코엔자임큐텐과 같이 혈압 관리에 도움을 주는 건강기능식품을 선택하는 것은 옳은 선택이 아닙니다. 하지만 비타민A 결핍으로 안구건조 증상이 심한 사람이라면 인공눈물을 사용하면서 비타민A 보충제를 함께 섭취하는 편이 더 좋습니다.

　이런 판단이 가능한 것은 약사로서 약의 기능과 한계를 명확히 알고 있기 때문입니다. 그리고 약의 기능과 한계를 고려해 약사는 환자 혹은 고객의 건강상태 개선을 위해 적절한 건강기능식품 선택에 도움을 줄 수 있습니다. 특히 만성질환으로 약을 복용하고 있다면 장기적인 건강 관리를 위해 자신이 섭취하는 건강기능식품에 관해 약사와 상담하는 것이 더 좋습니다. 약국은 사람들이 건강을 위해 섭취하는 건강기능식품뿐 아니라 질환 치료를 위해 활용하는 일반의약품과 전문의약품을 한 번에 상담할 수 있는 유일한 공간이기 때문입니다.

1장에서는 건강기능식품이 어떻게 활용되어야 하는지에 대해 이야기하고, 2장과 3장에서는 최근 가파르게 성장하며 약국 판매량도 증가하고 있는 눈 건강 제품과 프로바이오틱스를 다룹니다. 4장에서는 질환 특성상 약국에서 많이 상담하는 여성 건강 이슈를 살펴보고, 5장에서는 건강 관리의 핵심으로 떠오르며 성장할 시장으로 주목받는 수면 건강 관리 제품에 대해 이야기합니다. 그리고 마지막으로 부록에서 건강기능식품 정보가 자세히 담긴 제품의 라벨 읽는 법을 설명합니다. 이 밖에도 오메가3, 비타민D, 칼슘, 마그네슘, 아연 등 무수한 건강기능식품이 있지만, 약국의 전문성과 차별성이 가장 많이 드러나는 제품군을 우선해서 선택했습니다.

법적으로 건강기능식품을 질환 치료에 활용할 수 없지만,

약국의 특성상 약과 함께 비교 설명하는 점을 널리 이해해주시기 바랍니다. 아울러 독자의 이해를 돕기 위해 소비자들이 흔히 쓰는 '효과'라는 단어로 건강기능식품의 기능성을 표현한 점 또한 양해를 바랍니다.

노윤정

차례

CHAPTER 3

장 건강 관리하기

CHAPTER 4

여성 건강관리하기

CHAPTER 5

수면 건강 관리하기

건강기능식품의
제 역할

한국농촌경제연구원의 '2018 가공식품 소비자 태도 조사' 주요 결과에 따르면, 건강기능식품 혹은 건강식품⁺을 구매하는 이유는 첫째가 '건강증진', 둘째가 '피로회복', 셋째가 '질병예방'이라고 합니다. 이는 건강기능식품이 만들어지고 지금처럼 활성화된 배경을 잘 보여주는 결과이기도 합니다. 하지만 약국에서 상담을 하다보면 건강기능식품이 해야 할 역할을 넘어

⁺　건강식품은 슈퍼푸드, 호박즙과 같이 '건강에 도움을 주는 식품'을 의미하나, <식품위생법>상 명확한 분류 기준이 없습니다. 반면 건강기능식품은 <건강기능식품에 관한 법률>에서 규격과 안전성 등을 별도로 규정하여 관리하고 있습니다.

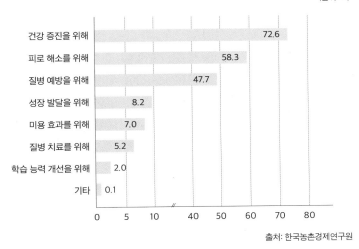

출처: 한국농촌경제연구원

[건강기능식품 및 건강식품 복용 이유]

서는 바람에 건강 증진이 아니라 건강이 악화되는 사례를 만나기도 합니다. 인상 깊었던 상담 사례로 이야기를 시작해볼까 합니다.

당뇨병 진단을 받은 50대 여성이 눈 합병증 검사를 위해 안과를 찾았습니다. 안타깝게도 진료 시간에 늦어 담당 의사를 만나지 못한 채 약국에 앉아서 이야기를 시작합니다. 당뇨

	정상	당뇨병 전 단계	당뇨병
공복혈당	99mg/dl 이하	공복혈당 장애 100~125mg/dl 110~125mg/dl [세계보건기구(WHO) 기준]	126mg/dl 이상
식후 2시간 혈당	139mg/dl 이하	내당능 장애 140~199mg/dl	200mg/dl 이상
당화혈색소	5.6% 이하	5.7~6.4%	6.5% 이상

[혈당 이상의 종류]

병 진단을 받은 상황과 최근의 건강 상태를 확인하다 특이 사항을 발견했습니다. 당뇨병 진단 후 약을 처방받았는데 아직 약은 복용하지 않았고, 대신 주변에서 당뇨병에 좋다는 건강기능식품을 추천해주었다며 제게 조언을 구합니다. 이야기를 들어보니 당화혈색소*나 혈당 수치가 매우 높아 관리가 시급한 상황이었습니다. 왜 약을 복용하지 않는지 이유를 물어보니 약을 한번 먹기 시작하면 끊을 수 없다는 주위 사람들 이야기 때문에 망설이고 있다고 합니다. 그럼 왜 건강기능식

✛ 당화혈색소HbA1c 검사는 혈액에서 산소를 운반하는 적혈구 내의 혈색소(헤모글로빈)가 얼마나 포도당과 결합되었는지 보는 검사로, 최근 2~3개월의 혈당 변화를 반영합니다.

품은 섭취하려고 하는지 물어보니 건강기능식품은 약이 아니지 않느냐고 되묻습니다. 이럴 때 어떻게 해야 할까요?

건강기능식품은 약을 대체할 수 있을까?

약국에 있으면 위와 같은 사례를 자주 접합니다. 특히 고혈압, 당뇨병 같은 만성질환으로 약 복용을 시작하는 분들에게서 이런 사례가 흔하게 나타납니다. 약을 복용하기 시작하면 끊을 수 없다는 두려움과 "나는 ○○ 먹고 약을 다 끊었어"라는 주변 경험담이 건강기능식품으로 환자를 유혹합니다. 혈압과 혈당 관리에 도움을 주는 건강기능식품 원료는 24쪽의 표와 같습니다.

이 중 가격 대비 효능이 좋고 섭취 용량이 적다는 편의성 덕분에 세계적으로 많이 사용하는 혈압 관리 원료가 '코엔자임큐텐', 혈당 관리 원료가 '바나바잎추출물'입니다. 참고로 한의약융합연구정보센터*의 평가에 따르면, 코엔자임큐텐의 고혈압 관리에 관한 근거는 B등급의 '믿을 만한 과학적 근거'로, 바나

	기능성 원료명	기능성 내용
혈압 관리	코엔자임큐텐(코엔자임 Q10)	높은 혈압 감소에 도움을 줄 수 있음
	올리브잎주정추출물	건강한 혈압 유지에 도움을 줄 수 있음
	정어리펩타이드	혈압이 높은 사람의 혈압을 조절하는 데 도움을 줄 수 있음
혈당 관리	바나바잎추출물	식후 혈당 상승 억제에 도움을 줄 수 있음
	구아바잎추출물	
	귀리식이섬유	
	난소화성말토덱스트린	
	대두식이섬유	
	밀식이섬유	
	옥수수겨식이섬유	
	이눌린/치커리추출물	

[혈압 및 혈당 관리에 도움을 주는 건강기능식품 원료]

바잎추출물의 고혈당 관리에 관한 근거는 C등급의 '불명확하

거나 이론의 여지가 있는 과학적 근거'로 분류됩니다. 눈 건강

✚　　한의약융합연구정보센터Korean Medicine Convergence Research Information Center는 2013년 설립된 국내 유일의 약학·한의학 분야 전문연구정보센터로, 국내외 연구자들의 원활한 소통과 약학·한의학 분야와 타 학문의 융복합 연구 지원을 위해 설립된 곳입니다. 각종 정보가 범람하는 정보 과잉 시대에 올바른 정보 선택에 도움을 주는 근거 중심 정보를 제공하여 보다 정확한 정보 확인에 도움을 줍니다.

제품에 많이 쓰이는 루테인이 C등급인 점을 감안하면 C등급 원료의 효과 및 활용도를 어느 정도 가늠할 수 있을 것입니다.

그럼 코엔자임큐텐이나 바나바잎추출물이 고혈압이나 당뇨병에 처방하는 약을 대신할 수 있을까요? 공식 답변은 '그렇지 않다'입니다. 하지만 만성질환의 진행 과정을 이해하고, 보충제를 섭취한 고객들의 긍정적 반응을 볼 때 코엔자임큐텐, 바나바잎추출물, 루테인 같은 건강기능식품의 기능을 무시하는 것 또한 옳지 않습니다. 건강기능식품은 만성질환자의 식습관 관리에 도움을 주는 좋은 도구로서의 가치가 높기 때문입니다.

앞의 예에서 당뇨병 이야기가 나왔으니 지금부터는 당뇨병을 주제로 이야기를 진행해보겠습니다.

건강기능식품의 가치는
건강한 식습관 관리에 있다

만성질환자의 건강 관리 기본 수칙은 매일 약을 정확히 복용

규칙적인 건강한 식사	규칙적 운동	금연/절주	자가혈당 측정	저혈당 주의	올바른 약 복용	발 상처 관찰
	주 3회 150분					

〈매년 한 번씩 꼭 점검〉

심혈관질환 위험도	망막 합병증	콩팥 합병증	신경 합병증 및 발궤양	예방 접종	당뇨병 교육

〈병·의원 방문할 때 확인〉

당화혈색소	혈압	지질	체중 및 허리둘레	금연 상담

[당뇨병 관리 생활 수칙]

하고, 건강한 식습관과 적절한 신체 활동을 병행하며, 정기적으로 병원에 방문해 상태를 확인하는 것입니다. 2016년 5월 대한당뇨병학회에서 발표한 당뇨병 관리 생활 수칙에도 이러한 내용이 자세히 담겨 있습니다.

이를 설명하면 '누가 그렇게 해야 좋은 걸 모르나?' '애초에 건강한 식습관과 적절한 신체 활동을 지켰다면 내가 병에 걸렸겠나?' 하는 푸념을 늘어놓는 분들이 많습니다. 그런데 이런 분들도 만성질환을 앓는 기간이 길어져 합병증을 하나씩 하나씩 앓게 되면 그때는 이 수칙을 잘 지킵니다. 예방만큼 좋은 게 없음을 알면서도 사람이 참 그렇습니다.

그런데 저 생활 수칙에는 건강기능식품 이야기가 하나도 없는데 대체 건강기능식품이 당뇨병과 무슨 연관성이 있는 걸까요? 건강기능식품은 기본적으로 식품을 활용한 것으로서 '건강한 식사'와 관련이 있습니다.

혹시 앞서 혈당 관리에 도움을 주는 기능성 원료 중 다수가 '식이섬유'라는 점을 눈치채셨나요? 식이섬유는 불용성 식이섬유와 수용성 식이섬유로 나뉩니다. 불용성 식이섬유는 보통 '섬유질'로 불리는데, 물에 녹지 않고 수분을 흡수하는 기능을 해서 대변의 부피 증가에 도움을 주므로 주로 변비 개선에 활용합니다. 통곡물, 견과류, 과일, 채소 등에 풍부한데, 너무 많이 섭취하면 칼슘, 철분, 아연 등의 영양소 흡수를 방해하므로 무조건 많이 먹는 것도 좋지 않습니다.

수용성 식이섬유는 소화기관 내에서 물과 결합해 겔처럼 부드럽고 끈적이는 형태로 변해 다른 음식물과 섞입니다. 이때 포도당이 식이섬유와 섞이면 혼자 있을 때보다 장에서의 흡수 속도가 훨씬 느려져 급격한 혈당 상승을 억제하므로 혈당 관리에 도움을 줍니다. 하지만 많은 양을 충분한 물과 함께 섭취할 때만 효과가 있어서 활용 폭이 넓지 않습니다.

그럼 바나바잎추출물은 어떨까요? 바나바잎추출물은 식후 혈당 조절 시 작동하는 인슐린의 신호 전달 과정을 도와 혈당 조절에 도움을 준다고 알려져 있습니다.

바나바잎추출물이 혈당 관리에 도움을 주는 이유

우리 몸의 혈당은 췌장의 베타세포에서 생산되는 '인슐린'과 알파세포에서 생산되는 '글루카곤'에 의해 조절됩니다. 우리가 음식을 먹으면 혈중에 증가한 포도당이 베타세포에서 인슐린 분비를 자극해 혈당을 낮추고, 혈당이 낮으면 글루카곤이 간에 저장된 글리코겐을 분해하거나 아미노산 등을 원료로 포도당을 새로 만들어 적정 혈당을 유지합니다. 적정 혈당은 세포가 영양분을 공급받고 생명 활동을 유지하는 데 매우 중요한 역할을 합니다. 이때 인슐린의 작용 과정에 문제가 생기면 고혈당을 바탕으로 다식, 다뇨, 다음(다갈), 체중 감소가 나타나는 당뇨병이 발생합니다.

인슐린의 작용 과정을 간단히 설명하면, 음식 섭취 후 증가한 포도당이 췌장으로 가서 인슐린 분비를 자극하면 분비된 인슐린이 세포 곳곳에 도착해 포도당이 세포 내로 들어가는 통로를 열어 혈당을 낮추고 세포가 생명 활동을 유지하도록 에너지원인 포도당을 공급합니다. 이렇게 한 문장으로 정리하면 간단해 보이지만 사실 이 과정은 매우 복잡합니다. 그래서 당뇨병 치료에 처방하는 약물도 여러 종류인데, 대표적인 약물은 30쪽 표와 같습니다.✛

그럼 바나바잎추출물은 언제, 어떤 방식으로 혈당 관리에 도움을 줄까요? 앞서 설명한 대로 췌장에서 분비된 인슐린이 세포의 수용체(인슐린이 혈당을 낮추기 위해 세포에 결합하는 부분)

✛　당뇨병과 고혈압 치료에는 두 가지 이상의 약물을 섞은 복합제품이 많이 쓰입니다. 30쪽 표는 참고로 삼고, 현재 복용 중인 약물 정보는 조제한 약국에서 확인하기 바랍니다.

약명(성분명)	작용기전
아마릴, 글리멜(글리메피리드) 디아미크롱(글리클라자이드) 다이그린(글리피자이드) 등	• 췌장에서 인슐린 분비 촉진 • 말초 조직의 인슐린에 대한 민감도를 높여 혈당 강하
다이아벡스, 글루파(메트포르민) 등	• 간에서 혈중으로의 당 방출 억제 • 근육으로의 당 이용 촉진 • 말초 조직의 인슐린에 대한 민감도를 높여 인슐린 저항성 개선
노보넘(레파글리나이드) 파스틱(나테글리나이드) 글루패스트(미티글리나이드) 등	• 췌장에서 인슐린 분비 촉진
베이슨(보글리보스) 등	• 소장에서 탄수화물 분해를 막아 당분의 소화 흡수를 낮춰 식후 혈당 감소
자누비아(시타글립틴) 가브스(빌다글립틴) 등	• 인슐린 방출을 자극하는 인크레틴(incretin) 분해효소 DPP-4 차단 → 인크레틴의 작용을 높여 인슐린 분비 촉진

[당뇨병 치료에 사용하는 대표적 약물]

에 결합하면 포도당이 세포 내로 이동하는 통로를 열기 위해 세포 안에서 꽤 복잡한 소통을 하는데, 바로 이때 도움을 주는 것으로 보고 있습니다. 참고로, 당뇨 환자에게 도움이 된다고 알려진 미네랄 '아연'도 이 과정에 작용합니다. 정리하자면, 바나바잎추출물은 인슐린이 수용체에 결합하는 과정과 결합 후 일어나는 세포 안의 소통 과정에 영향을 주어 식후 혈당 상승 억제에 도움을 줄 수 있습니다.

상담 현장에서 혈당 관리 제품을 섭취한 환자들의 반응을 보면, 주로 약을 잘 복용하는데도 식후 혈당이 높게 유지되어 혈당 변동 폭이 큰 고객들의 만족도가 높았습니다. 특히 운수업 종사자처럼 직업상의 이유로 운동과 식습관 조절이 어려운 고객들이 식후 혈당 상승 억제에 도움을 받는 사례가 많았습니다. 또한 당뇨 전 단계로 식습관 개선과 운동을 병행하면서 식후 혈당 관리가 필요한 고객들에게서도 효과가 좋았습니다.

바나바잎추출물이란?

바나바잎은 당뇨 관리 민간요법으로 주로 동남아시아에서 많이 사용하는 자연 물질입니다. 1940년 바나바잎의 효능에 대한 관찰 연구가 발표된 뒤 바나바잎추출물 복합제를 활용한 각종 연구에서 혈당 강하, 혈중 지질 개선, 체중 감소 효과 등이 확인되어 널리 활용되기 시작했습니다. 국내에서는 '식후 혈당 상승 억제에 도움을 줄 수 있다'는 기능으로 허가되었으며, 추출물 안에 함유된 기능(지표) 성분은 '코로솔산'으로 표시됩니다.

건강기능식품은 본연의 가치가 있다

혈당이 높으면 혈액의 끈적임이 심해져 혈액순환이 제대로 이뤄지지 않습니다. 이런 상황이 반복되면 세포의 영양분 공급과 노폐물 제거가 어려워지면서 세포 건강이 악화되어 피로는 물론이고 각종 합병증을 일으킵니다. 보통 당뇨병은 이미 몸 안에서 이런 상황이 꽤 오래 지속되어 바깥으로 증상이 발현된 시점에 진단을 받습니다. 그래서 손상된 몸을 완전히 되돌리기는 어렵습니다. 대신 약을 복용하면서 혈당을 안정적으로 유지해 합병증을 예방하는 것이 치료의 주된 목표입니다. 즉, 약이 문제라서 한번 복용하면 끊을 수 없는 것이 아니라 만성질환은 하루아침에 갑자기 발생한 질환이 아니므로 감기나 소화불량 같은 경증질환과 다르게 관리해야 하는 것입니다.

간혹 '당뇨약 끊기 ○개월 프로젝트'니 '당뇨약을 먹느니 ○○을 먹어라'라고 부추기는 책과 광고가 눈에 띕니다. 그 내용을 자세히 보면, 철저한 관리로 '안정적 혈당'을 유지해 건강을 지킨 사례거나 TV 방송에 힘입어 내용을 과장한 경우가 많습니다. 과연 모든 당뇨 환자에게 그러한 방식이 통할까요? 현실은 그렇지 않습니다. 오히려 체험례를 따라 하며 약을 제대로 복용하지 않아 문제가 생긴 사례가 더 많습니다. 그런 분들이 합병증이 생기면 병원에 방문하고 그때부터 약을 제대로 복용하다 보니, 주로 이런 환자를 만나는 의사나 약사가 건강기능식품을 평가 절하하는 것도 일면 이해가 갑니다.

그래서 만성질환으로 약물을 처음 복용하는 환자에게는 질환에 따른 약의 기능을 이해시키기 위해 복약지도를 할 때 많은 시간을 할애합니다. 이때 환자의 생활습관과 현 상태에 따라 건강기능식품이 유용하다고 판단되면, 그때 적극적으로 건강기능식품을 활용합니다.

2019년 하반기에 시행되는 맞춤형 건강기능식품을 필두로 건강기능식품 규제가 완화되면서 건강기능식품에 대한 소비자의 접근은 더욱 편리해질 것입니다. 또한 우리나라도 고령사회에 진입함에 따라 적은 비용을 투자해 일상적으로 건강을 관리할 수 있는 건강기능식품에 대한 수요는 지속해서 증가할 것입니다. 약과 건강기능식품을 병용하는 고령층이 늘어나는 상황에서 각자의 역할을 제대로 하여 고객 또는 환자가 건강한 삶을 누리도록 도움을 줄 수 있는 '지혜'를 가진 사람이 더

많이 필요합니다. 그 시작에 이 책이 조금이나마 도움이 되길
바랍니다.

눈 건강
제대로 관리하기

안구건조증은 누구나 겪을 수 있는 흔한 질환입니다. 그런데 재미있게도 안구건조증을 표현하는 방식이 약국에 방문하는 고객마다 조금씩 다릅니다. 가장 흔한 세 가지 유형을 소개하고, 눈 건강 관리법을 알아보겠습니다.

#1. 60대 여성분이 손수건으로 눈물을 훔치며 한 손에는 인공눈물 처방전을 들고 약국에 들어옵니다. 처방전을 확인하고 인공눈물 복약지도를 시작하는 순간, 매번 인공눈물을 사용해도 도통 낫질 않는다는 고객의 불평이 시작됩니다. 왜 그럴까요?

#2. 바람이 세차게 부는 겨울날, 70대 할머니께서 휴지로 눈물을 닦으며 약국에 들어오십니다. 눈물 안 나는 약을 달라고 하셔서 비타민A가 들어 있는 눈 영양제를 권해드렸습니다. 보름 뒤 눈물 나는 증상이 많이 개선되었다고 웃으시며 약국에 다시 오셨습니다. 비타민A가 안구건조증에 도움이 되는 이유는 무엇일까요?

#3. 50대 남성분이 진지하게 상담을 요청하기에 무슨 일인가 들어보니 요즘 책을 읽다 보면 갑자기 시야가 흐려지고 눈물이 흐르기도 하며 담배를 피우면 연기에 눈이 따갑다고 합니다. 병원에 갔더니 노안이라 그렇다며 인공눈물만 처방해줄 뿐 별다른 말이 없다고 합니다. 어떻게 해야 할까요?

누구나 겪을 수 있는 안구건조증

안구건조증은 눈을 부드럽게 유지해주고 안질환을 예방하는 '눈물층'에 문제가 생겼을 때 발생합니다. 우리 눈에 보이지 않

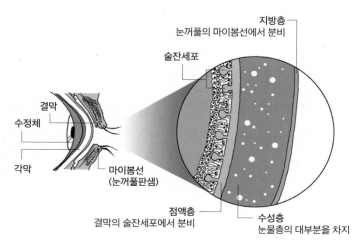

지방층
눈꺼풀의 마이봄선에서 분비

술잔세포

결막

수정체

각막

마이봄선
(눈꺼풀판샘)

점액층
결막의 술잔세포에서 분비

수성층
눈물층의 대부분을 차지

[눈물층의 구성]

지만 눈물층은 바깥에서부터 지방층, 수성층, 점액층의 세 층
으로 구성되어 있습니다.

 사람이 3~5초마다 눈을 깜박이면 눈의 표면인 각결막을
덮었던 눈물이 눈물관으로 빠져나가고 순식간에 새로운 눈물
이 덮입니다. 이때 눈물 분비량이 줄어들거나 눈물이 빠르게
증발하면 눈물층이 불안정해져 안구건조증이 발생합니다. 예
를 들어 겨울철 바람이 많이 부는 날이나 난방기 사용으로 공
기가 건조해지면 눈물 증발이 촉진되어 안구건조증이 발생

합니다. 혹은 노화나 쇼그렌증후군(입과 눈 등 몸 전체 점막의 염증이나 건조 증상이 발생하는 질환) 같은 질환, 비타민A 부족 등으로 눈물 생성이 줄어도 안구건조증이 생깁니다. 그런데 왜 안구건조증으로 병원에 가면 인공눈물만 처방해줄까요? 이 의문을 해소하려면 먼저 눈물층 각각의 역할을 이해해야 합니다.

안구건조증의 원인

세 층으로 구성된 눈물층은 각각의 층이 만들어지는 방식과 고유의 역할에 차이가 있습니다. 가장 안쪽의 점액층은 결막의 술잔세포goblet cell에서 분비되며, 눈물이 눈에 잘 붙어 있도록 하는 역할을 합니다. 인공눈물을 충분히 사용하더라도 점액층이 제대로 생성되지 않으면 눈물이 안정적으로 눈에 붙어 있지 못해 안구건조증이 해소되지 않습니다. 중간의 수성층은 눈물샘에서 분비되며, 눈물층 대부분을 차지합니다. 눈에 영양을 공급하고, 리소짐과 같은 항균물질을 함유하고 있어 안질환 예방에 중요한 역할을 합니다. 안구건조증에 많이 사용하는 인공눈물은 직접적으로 수성층의 양을 늘려 증상을 완화합니다. 마지막으로 지방층은 눈꺼풀의 마이봄선에서 분비되며, 수성층을 덮어 눈물의 증발을 막아줍니다.

이렇게 눈물을 만드는 각각의 소기관에 문제가 생겨서 생성된 눈물의 균형이 깨지면 안구건조증이 발생합니다. 안구건조증이 발생하면 눈에 자극을 느껴 반사작용으로 눈을 자주 깜빡거리거나 눈물이 증가하기도 합니다. 이때 나오는 눈물은 눈의 불편함을 줄이기 위한 '반사적 눈물'로, 온종일 계속 분비되는 기본적 눈물과 달리 눈을 보호하고 부드럽게 유지하는 성분이 없는 무기능성 눈물입니다.

앞의 사례들에서처럼 눈물이 흐르거나 눈물 양이 증가하는 까닭은 심한 안구건조증에서 나타나는 대표적 증상입니다. 안구건조증은 노화로 눈물이 줄어드는 중년 이후 여성에게 많이 나타났지만, 최근에는 대기오염과 눈 미용 활동(렌즈, 속눈썹 시술, 아이라인 문신, 눈화장 등), 스마트폰 사용 등으로 남녀노소 흔하게 겪는 질환입니다.

나도 안구건조증일까?

안구건조증은 갑상선질환이나 류머티즘성 관절염, 쇼그렌증 후군 같은 질환 때문에 나타나기도 합니다. 이때는 반드시 질환 치료가 동반되어야 안구건조증을 해소할 수 있습니다. 특정 질환 외에도 시력교정술, 건조한 공기, 스마트폰이나 컴퓨터 작업으로 인한 눈 깜빡임 감소, 스트레스, 노화, 영양 결핍 등 다양한 요소가 안구건조증의 원인으로 지목됩니다. 안구건

안구건조증의 대표적 증상

- 눈에 모래알이 들어간 듯한 이물감이 있다.
- 눈이 뻑뻑하다.
- 바람이 불면 눈물이 더 쏟아진다.
- 이유 없이 눈이 자주 충혈된다.
- 자고 나면 눈꺼풀이 붙어서 눈이 잘 떠지지 않는다.
- 건조하거나 오염이 심한 곳에 가면 눈이 화끈거린다.
- 책을 볼 때 시야가 갑자기 흐려진다.
- 실 같은 분비물이 자꾸 생긴다.
- 눈꺼풀이 무겁고 머리가 아픈 것 같다.
- 빛에 비정상적으로 예민해진다.

조증을 겪는 사람이 계속해서 늘어나고 있는데, 특히 대기오염과 현대인의 생활습관 변화가 안구건조증을 악화시키는 요인으로 주목받고 있습니다. 눈이 뻑뻑하고 모래알이 굴러다니는 느낌 등의 대표적 증상으로도 확인할 수 있지만, 56쪽의 안구 표면 질환 지수Ocular Surface Disease Index, OSDI로 자신의 상태를 객관적으로 판단해볼 수 있습니다.

안구건조증에 쓰는 약물

눈물층 각 층의 생성 과정과 역할이 다르다 보니 눈물층이 불안해지는 원인에 따라 안구건조증 치료에 활용하는 약도 다릅니다. 약국에서 처방전 없이 살 수 있는 제품은 주로 수성층의 회복을 돕는 인공눈물이지만, 처방전이 있어야 구입할 수 있는 전문의약품은 수성층 외에 점액층 회복을 돕거나 안구 표면의 염증을 관리하는 약 등으로 다양합니다. 대표적인 성분은 다음과 같습니다.

성분명	역할	분류
디쿠아포솔나트륨 (예: 디쿠아스점안액)	눈물 분비량 증가 및 점액 분비를 촉진해 눈물층 안정화에 도움	전문의약품
히알루론산나트륨 (예: 히아레인점안액 카이닉스점안액 등)	우리 몸에 존재하는 성분으로, 점성이 높아 수성층 안구에 머무르는 시간을 늘리고 각결막 상처 회복에 도움	전문의약품
사이클로스포린 (예: 레스타시스점안액)	염증으로 인한 눈물샘 기능 이상으로 눈물 생성이 억제되었을 때 도움	전문의약품
카르복시메틸셀룰로오스 (예: 리프레쉬플러스점안액)	점성으로 수분을 끌어들여 수성층을 두텁게 유지하는 데 도움	일반의약품
염화칼륨+염화나트륨 (예: 프렌즈 아이드롭점안액)	눈물과 유사한 성분으로, 윤활제 작용은 하나 보습 성분이 없어 자주 넣어줘야 함	일반의약품
폴리데옥시리보뉴클레오티드나트륨 (예: 리안점안액)	재생성분을 함유해 콘택트렌즈 등으로 인한 각결막 미세손상 회복에 도움	일반의약품

[안구건조증에 사용하는 대표적 성분]

이 외에도 다양한 일반의약품과 전문의약품이 안구건조증에 쓰입니다. 특히 인공눈물을 많이 활용하는데, 인공눈물을 계속 사용해도 안구건조증이 잘 낫지 않는 때가 있습니다. 왜 그럴까요?

인공눈물이 효과를 보려면

시력교정술을 받은 고객들은 인공눈물을 많이 사용하는데, 대부분 당연한 듯 눈 영양제를 섭취합니다. 시력교정술을 받았기 때문에 눈을 보호해야 한다는 심리도 있지만, 경험적으로 수술 뒤 눈의 피로와 불편 증상 완화에 도움이 된다는 점을 알기 때문입니다.

인공눈물은 주로 수성층의 회복을 도와주는데, 점액층과 지방층 생성에 도움을 주는 영양제를 같이 섭취하면 인공눈물의 효과를 높일 수 있습니다. 눈꺼풀 청결제*로 눈 주위를 가볍게 닦아내거나 따뜻한 물수건으로 5~10분 정도 찜질하는 것도 큰 도움이 됩니다. 영양제로는 비타민A나 오메가3 같은 성분이 안구건조증 개선에 효과가 좋습니다. 특히 비타민A는 눈물 흘림 증상이 심한 영양 결핍의 노년층에게 효과가 좋습니다.

✚　처방전 없이 약국에서 구입할 수 있습니다.

눈의 상피세포 성장에 중요한 비타민A

아마도 학교 수업 시간이나 TV 건강 프로그램에서 한 번쯤은 들어봤을 텐데, 비타민D가 부족하면 뼈에 칼슘이 잘 붙지 않아 뼈의 변형(안짱다리 등), 성장 장애 등의 증상이 나타나는 구루병이 발생합니다. 그럼 눈에 좋다고 알려진 비타민A가 부족하면 어떻게 될까요? 초기에는 어두운 곳에 들어갔을 때 시각 적응 장애가 나타나거나 순간적으로 잘 보이지 않는 야맹증이 나타납니다. 이후 식습관이나 영양 상태가 나빠서 결핍이 심해지면 점점 눈의 상피세포 기능이 떨어져 눈물층 가장 안쪽의 점액층이 잘 생성되지 않습니다. 점액층이 불안해지면 눈물층 전체가 안정적으로 유지되지 않고, 결국 각막과 결막이 건조해지면서 안구건조증이 생깁니다. 그래서 비타민A를 함유한 일반의약품 눈 영양제의 효능·효과에는 '눈의 건조감 완화'와 '야맹증 완화'가 함께 표시되어 있습니다. 그런데 왜 비타민A를 함유한 건강기능식품에는 이 내용이 없을까요? 참고로, 일반의약품과 건강기능식품에 표기하는 비타민A의 효능·효과 및 기능성은 다음과 같습니다.

일반의약품의 비타민A 효능·효과

- 다음 증상의 완화: 눈의 건조감, 야맹증
- 다음 경우 비타민A의 보급: 임신수유기, 병중·병후 체력 저하 때, 발육기, 노년기

건강기능식품의 비타민A 기능성(영양·기능 정보)

- 어두운 곳에서 시각 적응을 위해 필요
- 피부와 점막을 형성하고 기능을 유지하는 데 필요
- 상피세포의 성장과 발달에 필요

건강기능식품과 일반의약품에 사용되는 비타민A 원료에 차이가 있어서 그럴까요? 그렇지는 않습니다. 같은 비타민A 임에도 일반의약품과 건강기능식품에 표기하는 내용이 다른 이유는 둘의 성격과 목적이 다르기 때문입니다.

건강기능식품과 의약품은 목적이 다르다

건강기능식품에 관한 모든 사항은 〈건강기능식품에 관한 법

률>에 명시되어 있습니다. 법은 건강기능식품을 '인체에 유용한 기능성을 가진 원료나 성분을 사용하여 제조·가공한 식품'이라고 정의합니다. 그리고 인체의 구조 및 기능에 대하여 영양소 조절이나 생리학적 작용처럼 보건 용도에 유용한 효과를 제품의 '기능성'으로 표시합니다.

한편 의약품에 관한 모든 사항은 <약사법>에 명시되어 있습니다. 법에 따르면, 의약품은 '사람이나 동물의 질병을 진단·치료·경감·처치 또는 예방할 목적으로 사용하는 물품 중 기구·기계 또는 장치가 아닌 것'을 말합니다. 의약품은 둘로 나뉘는데, 처방전 없이 약국에서 구매 가능한 '일반의약품'은 의사나 치과의사의 처방 없이 사용하더라도 안전성 및 유효성을 기대할 수 있거나 의약품의 제형과 약리 작용상 부작용이 비교적 적은 의약품을 뜻합니다. 그리고 위의 기준에서 제외된 나머지 의약품이 '전문의약품'으로 분류됩니다. 특징만 간단히 정리해보면 48쪽의 표와 같습니다.

건강기능식품과 의약품 모두 식품의약품안전처에서 관리하고 둘 다 약국에서 판매하지만, 둘의 성격과 목적은 엄연히 다릅니다. 예를 들어 식습관이 나쁘거나 영양 상태가 불량해

분류	사용 목적	특이 사항
건강기능식품	영양소 조절 및 보건 용도에 유용한 효과	• 약국, 마트, 온라인 등 다양한 채널에서 구매 가능 • 이상반응 발생 시 섭취를 중단하면 대부분 회복되므로 전문가 감독의 허들이 낮음
일반의약품	질병 진단·치료·경감·처치 또는 예방	• 약국 및 안전상비의약품코너에서만 제한적 구매 가능 • 이상반응이 비교적 적으나 발생 시 건강상 위해가 나타날 수 있어 전문가 감독 및 수량 제한 설정
전문의약품		• 의사·치과의사의 처방전이 있어야만 제한적 구매 가능 • 오남용 위험이 높고, 빈도는 낮으나 전문적 치료가 필요한 이상반응이 발생할 수 있어 전문가 감독 및 처방으로 제한 설정

[건강기능식품·일반의약품·전문의약품의 특징]

서 비타민A가 부족한 상황이라면 건강기능식품으로 충분히 관리할 수 있습니다. 하지만 상태가 심해져 야맹증이나 안구건조증처럼 명확한 결핍 증상이 발생했다면 비교적 용량이 높은 의약품으로 치료하는 것이 효과적입니다. 물론 비타민B와 같이 일반의약품에만 활용할 수 있는 '활성형 비타민'(벤포티아민, 푸리설티아민 등) 원료가 별도로 설정된 경우도 있습니다. 그래서 건강기능식품에는 '~증' '~염'과 같은 질환명이나 결핍 증상을 구체적으로 명시할 수 없습니다. 의약품과 동일하게 질환명이나 결핍 증상을 표시하면 소비자가 약과 오인할 가능성이 크므로 광고 심의에서도 까다롭게 관리합니다.

그럼 일반적인 기능이 표시된 건강기능식품보다 질환 치료 효과가 명시된 일반의약품을 선택하는 편이 더 나을까요? 꼭 그렇지는 않습니다. 식습관이 나빠서 생긴 영양소 부족은 건강기능식품을 섭취하는 방법이 더 효과적일 수 있기 때문입니다.

한국인이 적게 섭취하는 비타민A

약국에서 복약지도를 하거나 영양제 상담을 하다 보면 자연스럽게 식습관에 관심을 두게 됩니다. 특히 바쁜 일정을 소화하는 직장인이나 노년층 환자는 약을 잘 복용하더라도 잘못된 식습관과 생활습관으로 영양 상태가 나쁘면 질환이 더 악화될 수밖에 없습니다. 이럴 때 건강기능식품을 활용하면 큰 도움이 됩니다.

질병관리본부는 3년 단위로 국민건강영양조사*를 실시해 국민의 건강과 영양 수준을 파악합니다. 가장 최근에 발표된

'2017년 국민건강영양조사' 결과를 보면, 한국인이 영양소 섭취 기준(2015)에 비해 적게 섭취하는 대표적 영양소 중 하나가 비타민A로 나타났습니다(참고로, 두 번째는 칼슘입니다). 나이가 들면 눈의 건조감이 더 심해지는데, 거기에 영양까지 불량하다면 더 불편할 수밖에 없겠죠.

최근 몇 년간 눈 영양제 시장이 급격히 커진 이유는 스마트폰의 보급과 건강기능식품 관련 업체들의 마케팅 강화 등도 영향을 미쳤지만, SNS를 중심으로 소비자들의 긍정적 섭취 후기가 큰 영향을 준 것으로 보고 있습니다. 만약 그렇지 못했다면 지금처럼 성장하기는 어려웠을 것입니다. 7~8년 전 맛있게 씹어 먹는(츄어블) 비타민A 단일 성분 눈 영양제가 약국에서 긍정적인 후기가 많았던 까닭도 단순히 "비타민A는 눈에 좋으니까"라는 광고 문구 때문이 아니었습니다. 기억을 돌이켜보면, 눈물을 흘리거나 침침한 증상을 자주 호소하며 약국

✚   1969년 시작한 '국민영양조사'와 1971년 시작한 '국민건강 및 보건의식 행태조사'를 통합해 1998년부터 국민의 건강과 영양 수준을 파악해 보건 정책을 수립·평가하는 데 필요한 통계를 생산하는 조사입니다. 질병관리본부에서 주관하며, 현재 제8기(2019~2021) 조사가 진행 중입니다.

'한국인 영양소 섭취 기준'이 무엇인가요?

영양소 섭취기준은 국민의 건강증진 및 질병예방 목적으로 에너지 및 영양소의 적정 섭취량을 나타낸 자료로, 한국인 영양섭취기준Dietary Reference Intakes for Koreans, KERIs이라고 부르기도 합니다. 초기에는 결핍 예방에 주목했으나, 일부 영양소의 과잉섭취 혹은 불균형으로 인한 만성질환 문제가 대두되면서 '평균필요량, 권장섭취량, 충분섭취량, 상한섭취량'과 같은 새로운 개념이 도입되었습니다. 인체 필요량에 대한 과학적 근거가 있을 경우 평균필요량과 권장섭취량을, 근거가 충분하지 않으면 충분섭취량을 제정하고 과잉섭취로 인한 유해영향 근거가 있는 경우 상한섭취량이 제정됩니다. 각 용량은 연령과 성별에 따른 2015 체위기준(신장, 체중, BMI)을 기준으로 설정된 것으로 개별요구량은 달라질 수 있습니다. 이 기준은 식사대용품, 간식, 건강기능식품 등을 개발할 때 함유되는 영양소의 양을 결정하거나 정부의 식생활 관련 정책 및 국민건강영양조사와 같은 사업에 근거로 활용됩니다. 새로운 기준은 '2020 한국인 영양소 섭취기준'으로 준비되고 있으며, 보건복지부는 본 업무를 〈한국영양학회〉에 위탁하여 진행합니다. 참고로 '2020 한국인 영양소 섭취 기준'은 트렌드를 반영해 확대 제정 검토가 필요한 영양소로 파이토뉴트리언트 등 7종을 추가로 결정하였습니다.

을 찾았던 많은 고객이 제품 섭취 뒤 불편 증상이 해소되었다며 입소문을 내고 재구매를 이어갔으니까요.

바람 부는 겨울이 되면 눈물을 흘리며 약국을 찾는 고객이 더욱 늘어납니다. 왜 그럴까요?

건조한 눈을 개선해주는 오메가3

눈물층이 세 층으로 이루어졌다는 설명을 기억하시나요? 단순하게 설명하면, 점액층이 수성층을 잡아주고 지방층은 수성층이 증발하지 않도록 막아주는 역할을 한다고 할 수 있는데, 이 지방층은 아주 단단하지 않아서 3~5초마다 눈을 깜빡이지 않으면 쉽게 증발합니다. 특히 바람이나 오염된 공기, 건조한 공기는 눈물의 증발을 가속화하기 때문에 난방기 사용으로 실내가 건조해지고 바람이 부는 겨울에 환자가 많아집니다. 그래서 안구건조증이 있으면 실내습도를 60% 정도로 적절하게 유지하는 것이 좋습니다.

지방층의 구성성분은 눈꺼풀에서 지방을 분비하는 마이봄선에서 나오는데, 지방(기름)을 분비하는 길에 염증이 생기거나 이물질이 쌓이면 기름이 잘 분비되지 않아서 눈물층을 안정적으로 보존하지 못해 안구건조증이 심해집니다. 간혹 '딥아이라인 시술' 시 마이봄선을 건드려 안구건조증을 겪는 사례가 있는데, 이럴 때는 반드시 병원에서 제대로 된 치료를 해야 합니다. 비타민A가 가장 안쪽의 점액층 생성에 도움을 주고, 인공눈물이 수성층 유지에 중요하다면, 마지막으로 지방층 유지에 도움을 주는 영양소는 없을까요?

오메가3는 중성지질 및 혈행 개선, 기억력 개선에 도움을 주는 영양소로, 많은 사람이 섭취하고 있습니다. 특히 혈행 개선 효과가 좋아서 손발 저림, 어깨 결림 등의 혈액순환 장애 증상을 호소하는 고객들의 평가가 좋습니다. 만능처럼 여겨지는 오메가3에 2016년 말 '건조한 눈을 개선하여 눈 건강에 도움을 줄 수 있다'는 기능성이 추가되었습니다. 건강기능식품에 이 기능성이 추가되기 전부터 일반의약품에서는 불포화지방산(특히 염증 완화에 도움을 주는 EPA)이 많다고 알려진 '사유(뱀의 기름)'를 함유한 눈 영양제가 많이 판매되고 있었습니다. 보통 사유와 비타민A를 함께 함유해 소비자 반응이 좋았는데, 건강기능식품에도 오메가3의 기능성이 추가되면서 더 많은 사람이 도움을 받을 수 있게 되었습니다.

오메가3에는 EPA와 DHA 두 가지 불포화지방산이 섞여 있는데, 이 중 염증 감소 반응에 작용하는 EPA가 마이봄선의 염증을 완화해 지방 분비를 촉진함으로써 눈물의 증발을 막아 건조한 눈의 불편 증상을 개선하는 데 도움을 준다고 보고 있습니다. 마이봄선이 특정한 연유로 막혀 있거나 염증이 심하다면 치료가 필요하지만, 증상이 심하지 않다면 영양소를 활용하는 것도 좋습니다. 또한 취침 전 5~10분간 눈에 온찜질을 하는 것도 염증 완화에 도움을 주는 생활요법입니다.

안구건조증은 복합적 관리가 필요한 질환

과거에는 안구건조증을 단순히 '눈물 부족'이라고만 여겨 인공눈물 사용만 강조했습니다. 그러나 눈물층에 대한 이해가 커지고, 인공눈물만으로 관리되지 않는 안구건조증 환자가 늘어나면서 안과에서도 안구건조증 관리 전문 프로그램을 도입하는 등 다양한 치료법을 활용하고 있습니다. 물론 인공눈물은 하루에 최소 5~6회 사용하여 수성층을 보강함으로써 눈 표면의 상처를 예방하고 치료하는 효과적인 도구입니다. 증상이 심하지 않을 때는 영양보충제로 관리할 수 있지만, 그 이상의 단계라면 영양보충제는 인공눈물이 더욱 효과적으로 작용하도록 돕는다는 의미가 큽니다. 예컨대 시력교정술을 받은 뒤 눈 영양보충제를 섭취한 많은 고객이 섭취 이후 인공눈물을 쓰는 횟수가 줄어서 편하다고 말합니다.

안구건조증은 단순히 눈의 피로나 불편 증상을 해소하려고 치료하는 게 아닙니다. 방치하면 눈물의 보호 기능이 제대로 작동하지 않아 만성적인 눈의 염증이 생기거나 시력이 나빠질 수도 있습니다. 안구건조증은 수면 부족, 피로, 업무 중 눈의 피로, 계절에 따른 건조감 변화 등 다양한 요인에 영향받습니다. 그래서 본인의 상태를 잘 이해하고 전문가를 만나 상담하여 자신에게 맞는 치료법과 영양보충제를 선택해야 합니다. 건강한 생활습관, 적절한 치료법, 영양보충제를 조화롭게 활용한다면 한결 편안해진 눈으로 세상을 볼 수 있습니다. 그 방향을 설계할 때 일반의약품, 전문의약품, 건강기능식품 모두를 유일하게 비교·상담할 수 있는 약국이야말로 최적의 상담소가 아닐까요?

안구 표면 질환 지수(OSDI)

아래의 질문에 답하고 총점을 계산해 눈의 건조감으로 인한 증상의 심각도를 판단합니다. 답변 중 '해당 없음'은 지난주에 아래의 활동이나 상황이 아예 없었을 때를 말합니다.

지난주에 아래의 증상을 얼마나 겪었나요?	항상	매우 자주	자주	가끔	없음
1. 눈이 빛에 예민하다.	4	3	2	1	0
2. 눈에 모래가 들어간 것 같다.	4	3	2	1	0
3. 눈에 통증이 있거나 쑤신다.	4	3	2	1	0
4. 시야가 흐리다(시야가 뿌옇다).	4	3	2	1	0
5. 시력이 나빠진다(잘 보이지 않는다).	4	3	2	1	0
1~5번 질문의 총점				①	

지난주에 아래의 활동을 할 때 눈의 문제로 활동에 제한이 있었나요?	항상	매우 자주	자주	가끔	없음	해당 없음
6. 책이나 신문을 볼 때	4	3	2	1	0	
7. 밤에 운전할 때	4	3	2	1	0	
8. 컴퓨터나 은행 자동화기기를 볼 때	4	3	2	1	0	
9. TV를 볼 때	4	3	2	1	0	
6~9번 질문의 총점					②	

지난주에 아래의 상황에서 눈에 불편함을 느꼈나요?	항상	매우 자주	자주	가끔	없음	해당 없음
10. 바람이 불 때	4	3	2	1	0	
11. 습도가 낮은 건조한 곳에 있을 때	4	3	2	1	0	
12. 에어컨을 켜 놓았을 때	4	3	2	1	0	
10~12번 질문의 총점					③	

① + ② + ③ 점수의 총합	④
답변한 질문의 총 개수 ('해당 없음'은 미포함)	⑤

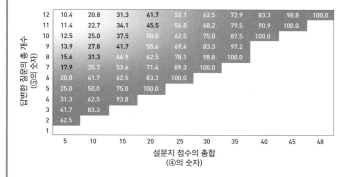

[안구 표면 질환 지수 평가]

위의 표에서 자신의 점수를 확인합니다. 가로축의 숫자와 세로축의 숫자가 만나는 곳이 점수입니다. 점수는 0~100점까지 기록되며 점수가 높을수록 눈의 건조함이 심하다고 할 수 있습니다.

10점 이하면 건강한 눈입니다. 계속 건강한 눈을 유지하려면 주변 환경을 건조하지 않게 만들고, 오랜 시간 독서나 컴퓨터를 할 때는 중간에 10분쯤 쉬어주는 편이 좋습니다.

10~20점은 약한 눈의 건조감이 나타나는 수준으로, 건조한 환경을 개선하고 동시에 건강기능식품을 섭취하면 도움을 받을 수 있습니다. 각막 보호를 위해 인공눈물을 사용하면 눈의 건조감을 개선하고 심한 안구건조증으로 진행되는 것도 막을 수 있습니다.

20~60점은 적극적으로 치료해야 하며, 병원 진료 후 약물 치료 및 생활습관 개선, 건강기능식품 섭취 등 여러 방법을 병행해야 합니다.

60점 이상은 심한 건조감으로 병원 진료가 반드시 필요하며, 항생제나 면역 억제제 등으로 치료하기도 합니다.

눈의 건조감이 심하면 시력 저하 등 기능 이상이 나타날 가능성이 높으므로 적절한 치료와 관리가 필요합니다.

루테인지아잔틴을 섭취하는 이유

'포노 사피엔스'라는 말을 아시나요? 스마트폰을 중심으로 살아가는 새로운 인류를 표현한 말입니다. 지혜 있는 사람이란 뜻의 호모 사피엔스보다 현재 우리 삶을 가장 잘 설명해주는 표현으로 주목받고 있습니다. 스마트폰은 직업과 생활뿐 아니라 건강에도 변화를 가져왔습니다. 특히 눈에 말이죠.

'눈 건강' 하면 비타민A만 떠올리던 때도 있었는데, 요즘은 루테인이 필수라고 합니다. 그리고 최근 2~3년 사이에는 지아잔틴도 꼭 함께 섭취해야 한다며 '루테인지아잔틴'이 친구처럼 붙어 다닙니다. 여러분도 루테인지아잔틴을 섭취하고 있나요?

건강기능식품은 옷이나 가전제품 등과 달리 구매자의 평가를 직접 제품의 광고 문구로 활용하는 데 제약이 많습니다. 그럼에도 건강기능식품의 온라인 판매가 활발해지면서 덩달아 늘어난 구매자들의 후기(제품 구매 사이트, 블로그, SNS 등)는 건강기능식품 선택에 큰 영향을 주고 있습니다. 다음은 루테인 구매 후기들입니다.

\# • 눈이 많이 침침해져서 주문해봤어요. 눈의 피로가 급격히 줄어들고 건강해진 느낌이 듭니다.

• 눈이 뻑뻑하고 자주 충혈되어서 선물했는데, 눈의 피로가 확실히 덜하다고 합니다.

• 어두울 때 운전하면 눈이 침침했는데, 먹고 나니 확실히 편해요.

여러분도 비슷한 경험을 하셨나요? "특별히 좋은 건 모르겠는데 좋다고 하니까 섭취해요"라고 이야기하는 사람도 있을지 모릅니다. 그것도 나쁘진 않습니다. 루테인은 자외선이나 스마트폰을 비롯한 디지털 화면의 블루라이트로부터 눈의 손상을 막아주는 아주 좋은 '항산화제'니까요. 혹은 "몇 달째 먹고 있는데 불편한 증상이 나아지지 않아요"라고 말하는 사람도 있을 겁니다. 그렇다면 현재 자신이 섭취하고 있는 제품을 가지고 오프라인에서 전문가와 상담해보시길 권합니다. 루테인은 좋은 눈 영양제지만 루테인 하나로 눈의 모든 불편 증상을 해결할 수는 없으니까요. 병원 진료가 필요한 상황인데 보충제만 섭취하다 악화되는 일도 간혹 있습니다. 만약 보충제를 섭취해도 증상이 나아지지 않는다면 꼭 전문가와 상담해보세요. 경중을 판단해야 하는 건강 상담은 온라인 구매 채널에서는 한계가 있기 때문에 반드시 오프라인에서의 만남이 필요합니다.

그럼 루테인은 주로 어떤 사람에게 도움이 될까요? 후기에서 이야기하듯 피곤하고 침침한 눈의 기능 개선에 도움이 됩니다. 그런데 아무리 자세히 살펴봐도 제품 라벨의 기능 정보에는 이런 내용이 적혀 있지 않습니다. 대신 이렇게 쓰여 있습니다.

\# [루테인] 노화로 인해 감소될 수 있는 황반색소 밀도를 유지하여 눈 건강에 도움을 줌

　루테인과 황반이 무슨 사이길래 루테인을 섭취하면 침침하고 피로하던 눈이 편안해질까요?

루테인, 누구냐 넌?

루테인은 마리골드꽃처럼 노란색-붉은색 계통의 색상을 가진 식물의 색소로, 우리 눈의 망막에도 존재합니다. 망막은 눈의 가장 안쪽 막을 말하는데, 여기에는 물체를 구분해 시력에 중요한 역할을 하는 '황반'이 있습니다. 그리고 이런 황반의 기능을 유지하는 '색소'로서 루테인과 지아잔틴이 존재합니다. 루테인과 지아잔틴은 다른 물질이지만 보통 자연의 식물에 함께

존재하고 눈 건강에 기여하는 영향도 비슷해서 짝꿍처럼 '루테인지아잔틴'이라고 부릅니다. 차이점이라면 두 색소가 분포하는 위치인데, 황반의 중심부에는 지아잔틴이 상대적으로 많고 주변부로 갈수록 루테인의 양이 많아집니다. 그래서 식이 혹은 보충제로 루테인과 지아잔틴을 섭취했을 때 나타나는 효과가 조금 다릅니다.

보통 '시력'이라고 하면 큰 글씨와 작은 글씨를 알아보는 능력을 말합니다. 눈이 침침하고 흐릿하지만 시력 검사에서 특별한 이상이 발견되지 않는 사람들이 루테인을 섭취한 뒤 증상이 나아지는 이유도, 루테인 섭취 후 직접적으로 시력이 좋아졌다는 후기가 적은 이유도 루테인이 이런 시력 향상과는 큰 연관이 없기 때문입니다.

'어? 그럼 스마트폰을 많이 봐서 시력이 떨어질 것 같아 루테인지아잔틴을 섭취하고 있었는데 그럴 필요가 없겠네?'라고 생각할지도 모릅니다. 그런데 눈의 기능은 큰 글씨와 작은 글씨를 알아보는 시력만 의미하지 않습니다. 복잡한 배경에서 물체를 또렷하게 구분하는 '시각 능력'이 루테인지아잔틴 그리고 황반과 관련이 있습니다.

눈이 침침할 때 루테인지아잔틴을 섭취하는 이유

낮에 밝은 배경에서 물체를 구분하는 능력과 밤에 어두운 배경에서 물체를 구분하는 능력은 다른데, 여기에 영향을 미치는 것이 바로 루테인지아잔틴입니다. 비타민A가 부족하면 나타나는 야맹증*은 희미한 불빛 아래서나 어두운 곳에서 물체를 구분하기 어려운 상태를 말하는데, 망막색소에 이상이 생겨도 야맹증이 발생합니다.

앞에서 소개한 루테인 구매 후기 중에 '어두울 때 운전하면 눈이 침침했는데 루테인 제품을 먹고 나니 확실히 눈이 편해졌다'라는 내용이 있었죠? 대부분 루테인 제품에 비타민A나 베타카로틴이 들어 있어서 안구건조증 증상을 완화하고 침침함을 개선하는 경향도 있지만, 루테인만으로도 이런 효과를 낼 수 있습니다. 루테인을 섭취하면 황반색소 밀도가 증가

✛　빛은 망막의 시세포에 감지되어 시신경을 거쳐 뇌로 전달됩니다. 시세포는 빛으로 명암을 구별하는 막대세포와 형태와 색을 인식하는 원뿔세포로 구성되며, 막대세포가 빛을 감지할 때 로돕신이 분해됩니다. 따라서 빛을 감지하려면 분해된 로돕신이 계속해서 재합성되어야 하는데, 이때 비타민A가 부족하면 로돕신 재합성이 어려워 야맹증이 발생할 수 있습니다.

하면서 물체를 구분하는 황반의 기능이 개선되기 때문입니다. 그리고 루테인은 주로 야간의 어두운 배경에서 물체를 구분하는 능력에, 지아잔틴은 낮에 밝은 배경에서 물체를 구분하는 능력에 영향을 미친다고 알려져 있습니다. 그래서 루테인지아잔틴이 모두 함유된 제품을 섭취한 고객과 루테인만 함유된 제품을 섭취한 고객은 후기가 다르기도 합니다.

식물에는 루테인과 지아잔틴이 함께 존재하기 때문에 마리골드꽃에서 루테인을 추출하면 소량의 지아잔틴도 자연스레 함유됩니다. 하지만 제품의 라벨에 루테인과 별도로 지아잔틴 함량을 표시한 제품과 그렇지 않은 제품의 효과는 다릅니다. 특히 황반변성을 진단받은 환자들에게는 황반변성 진행 속도를 완화하기 위해 루테인지아잔틴 함량이 별도로 표시된 영양제를 추천합니다. 이는 '아레즈'라는 대규모 연구로 입증된 방법인데, 유명한 연구인 만큼 국내외 다양한 눈 건강 제품이 '아레즈'를 상품명에 쓰기도 합니다.

아레즈Age-Related Eye Disease Study, AREDS는 고용량 항산화 영양소를 섭취하면 나이가 들면서 많이 발생하는 황반변성과 백내장의 예방이나 진행 속도 완화에 도움을 줄 수 있다는 역학조사 및 다수의 연구 결과를 바탕으로, 미국국립보건원 산하 국립안연구소National Eye Institute에서 진행한 장기간 다기관 무작위 연구입니다. 우리나라는 경제 상황과 수술 기술이 좋아 백내장이 실명과 큰 관련이 없지만, 전 세계적으로는 백내장이 실명 원인 2위를 차지하기 때문에 실명 예방을 위해 이 연구는 크게 주목받았습니다.

1986년 연구 콘셉트가 처음 제안된 뒤 '베타카로틴 15mg, 아연 80mg, 비타민C 500mg, 비타민E 400IU, 구리 2mg'의 조합으로 4519명이 참여한 1차 연구가 진행되었습니다(1992~2001년, 제안 – 모집 – 연구 포함). 1차 연구 종료 후 장기간 고용량(10mg 이상. 현재 국내에 판매되는 베타카로틴 함유 건강기능식품은 베타카로틴을 0.42~7mg까지 함유할 수 있으나 대부분 0.42mg의 저용량임) 베타카로틴 섭취와 흡연자 폐암의 연관성 연구가 발표되고, 고용량 아연의 섭취에 부정적인 전문가 의견이 더해져 조합을 수정한 2차 연구가 진행되었습니다. '아레즈 투AREDS2'라고 부르는 2차 연구는 새로운 항산화 영양소가 추가되고 아연의 함량이 안전하게 조절된 '루테인 10mg, 지아잔틴 2mg, 아연 25mg, 오메가3 1000mg(EPA 650mg, DHA 350mg), 비타민C 500mg, 비타민E 400IU, 구리 2mg'의 조합으로 4203명이 참여해 진행되었습니다(2006~2012년, 제안 – 모집 – 연구 포함).

두 연구 모두 초중기 건성 황반변성에서 새로운 혈관이 생성되며 출혈이 나타나는 습성 황반변성으로 진행되는 것을 완화하는 데 긍정적 결과를 나타냈으며, 따라서 황반변성을 진단받은 환자들에게 처방되고 있습니다. 황반변성의 직접적 예방 효과는 인정되지 않았으나, 황반변성의 원인 중 하나로 '루테인 지아잔틴의 섭취 부족'이 강조되는 만큼 고령사회에서 눈 영양제에 대한 관심은 계속 커지고 있습니다. 참고로, 연구 참여자들의 평균 연령이 69세 이상으로 이미 백내장이 많이 진행된 연령대라는 한계가 있어 백내장에 관한 연구 결과는 많이 알려져 있지 않습니다.

루테인 하나로 눈 건강을 전부 챙길 수는 없다

광고, 홈쇼핑, 온라인 판매, 다양한 채널의 건강 정보 등이 범람하면서 루테인에 대한 관심이 계속 커지고 있습니다. 하지만 루테인 하나로 눈 건강을 전부 챙기기는 어렵습니다. 눈이 하는 일이 단순해 보여도 만성질환과 연관된 눈의 합병증도 다양하고 눈이 겪는 질환도 매우 많기 때문입니다. 루테인은 스마트폰을 비롯한 스마트 기기에 익숙한 포노 사피엔스 시대에 눈 건강을 지키는 훌륭한 기본 영양소입니다. 하지만 효과가 100% 나타나지 않을 수 있으니 질환을 앓고 있거나 장기간 불편 증상을 겪고 있다면 전문가와 현재 섭취하는 눈 건강 제품을 다시 한번 확인해볼 필요가 있습니다.

아스타잔틴은 어때요?

루테인지아잔틴 이야기를 하면 꼭 나오는 질문이 있습니다. "아스타잔틴은 어때요?" "아스타잔틴보다 좋아요?"처럼 루테인지아잔틴과 아스타잔틴의 효과를 비교하는 질문입니다. 아스타잔틴은 헤마토코쿠스(조류), 연어, 랍스터, 새우와 같은 분홍색-붉은색 계통의 색소로 루테인지아잔틴과 같은 카로테노이드 계열 물질입니다. 이름도 비슷하고 항산화력이 좋다는 이야기 때문에 두 성분의 효능을 많이들 비교하는데, 루테인지아잔틴과 아스타잔틴은 서로 다른 성분입니다. 일단 두 성분은 식약처로부터 인정받은 기능성이 다릅니다.

성분명(원료 표시)	영양 기능 정보
루테인지아잔틴 (마리골드꽃추출물)	노화로 감소할 수 있는 황반색소 밀도를 유지하여 눈 건강에 도움을 줄 수 있음
아스타잔틴 (헤마토코쿠스추출물)	눈의 피로도 개선에 도움을 줄 수 있음

[루테인지아잔틴과 아스타잔틴의 기능성]

기능성이 다른 이유는 루테인지아잔틴은 눈의 황반에 존재하는 색소지만, 아스타잔틴은 그렇지 않기 때문입니다. 이것이 바로 아스타잔틴이 루테인지아잔틴의 기능을 대체할 수 없는 이유입니다. 고객과 상담 시 이해를 돕기 위해 황반의 색소가 줄어드는 것을 '볼펜의 잉크가 줄어드는 것'에 비유하기도 합니다. 볼펜의 잉크가 줄어들면 글씨를 제대로 쓰기 어려워지듯이 나이가 들면서 황반색소 밀도가 감소하여 손상되면 물체를 뚜렷하게 구분하기 어려워집니다. 이때 볼펜의 잉크를 보충하면 본래의 기능을 발휘하는 것처럼, 황반색소 밀도가 감소할 때 루테인지아잔틴을 섭취하면 손상된 부분이 회복되면서 침침함과 흐릿함이 개선되어 눈 건강에 도움을 줍니다.

과거에는 눈 손상의 주된 원인이 노화였지만, 요즘처럼 스마트폰이나 영상 매체 이용이 잦은 상황에서는 블루라이트가 나이를 불문하고 눈 손상을 앞당기는 요인으로 지목되고 있습니다. 따라서 현대인의 눈 건강을 위해 루테인지아잔틴 섭취가 강조됩니다. 그럼 아스타잔틴은 어떨까요?

눈의 피로도 개선에 좋은 아스타잔틴

아스타잔틴은 나쁜 물질로부터 세포가 손상되는 것을 막는 항산화력이 강해 황반색소 밀도의 감소를 막아줄 수 있으나 루테인지아잔틴처럼 줄어든 양을 직접 보충해주기는 어렵습니다. 황반변성 진행 속도 완화에 아스타잔틴이 활용된 예를 보더라도 망막의 중심부 손상은 일부 개선되나 주변부 손상은 개선되지 않았습니다. 이러한 결과 때문에 아스타잔틴이 지아잔틴의 역할을 대체할 수 있다고 말하기도 하지만, 실질적으로 황반에 존재하지 않는 아스타잔틴이 항산화력을 통한 세포 기능 회복 이상의 역할을 하기는 어렵습니다.

대신 아스타잔틴은 항산화력이 강해서 모양체를 포함한 눈의 중간막인 맥락막(포도막) 및 망막 혈류를 나아지게 하여 눈의 피로도를 개선하는 데 효과가 좋습니다. 그래서 인체 적용 시험에서도 영상 작업자의 눈 피로도 개선이나 맥락막 혈류 개선 효과에 대한 긍정적 결과가 많습니다. 우리 눈은 3~5초마다 깜빡여야 건강하게 유지되고 피로감도 줄어듭니다. 그런데 우리가 스마트폰을 보거나 영상 작업을 할 때는 눈의 깜빡임이 줄어서 수축 및 이완 작용을 통해 수정체의 조절력을 담당하는 모양체근이 쉽게 피로해집니다. 이럴 때 비타민B1, B2를 보충해도 피로감이 개선되지만, 직접적 혈류 개선 효과가 증명된 아스타잔틴을 함께 섭취하면 더 나은 효과를 얻을 수 있습니다. 그래서 루테인지아잔틴을 섭취해도 눈의 통증이나 피로감이 개선되지 않는다면 아스타잔틴을 함께 섭취하는 것도 좋습니다.

아스타잔틴의 효능은 함량에 따라 다르다

홈쇼핑을 중심으로 크릴오일 제품에 함유된 아스타잔틴의 인지도가 높아지고 있습니다. 이 과정에서 소비자에게 혼란을 주는 마케팅이 진행되고 있는데, 바로 아스타잔틴의 함량 단위를 활용한 마케팅입니다. 식약처에서 '눈 피로도 개선에 도움을 줄 수 있다'는 기능성을 인정한 아스타잔틴의 함량은 1일 섭취량 기준 4~12mg입니다. 그런데 크릴오일의 아스타잔틴 함량은 ㎍(마이크로그램) 단위로 표시합니다. 1mg은 1000㎍인데, 보통 크릴오일 1일 섭취량에 함유된 아스타잔틴은 1000μg 이하, 즉 1mg 이하로 크릴오일을 통해 아스타잔틴의 효과를 얻기는 어렵습니다. 만일 아스타잔틴의 효과를 기대하고 크릴오일을 선택했다면 전문가와 제품을 다시 한번 확인해보시길 권합니다.

아스타잔틴은 헤마토코쿠스라는 조류에서 추출하는 원료로, 루테인지아잔틴을 추출하는 마리골드꽃에 비해 원료 수급과 가공 과정이 복잡해서 원료 가격이 매우 높습니다. 그래서 많은 제품이 기능성을 표시할 수 없는 함량을 넣고 마케팅을 강화하곤 합니다. 그러다 보니 아스타잔틴 함량이 낮은 제품들이 다수 유통되면서 역으로 아스타잔틴의 효능이 평가 절하되고 있습니다. 루테인지아잔틴과 아스타잔틴의 효능상 차이점을 제대로 인지하지 못한 채 활용하고, 또 다수의 저함량 제품이 유통되는 바람에 소비자가 제대로 된 아스타잔틴의 기능을 누리지 못하는 모순된 상황이 벌어지고 있습니다. 물론 아스타잔틴에 대한 인지도가 낮았던 점도 이런 시장의 형성에 한몫했습니다. 이제 크릴오일 덕분에 아스타잔틴에 대한 소비자 이해도가 높아진 만큼 제대로 된 함량의 아스타잔틴 제품이 시판되기를 기대합니다.

　지금 겪고 있는 눈의 불편 증상을 개선하기 위해 아스타잔틴과 루테인지아잔틴 중 무엇을 선택해야 할지 고민되시나요? 그렇다면 지금이 바로 전문가와의 상담이 필요한 순간입니다.

장 건강
관리하기

덩치 큰 남자 배우가 "지켜줄게"라는 멘트로 프로바이오틱스 광고를 할 만큼 장 건강은 건강한 삶을 위해 우리가 챙겨야 하는 기본으로 인식되고 있습니다. 소화와 배변에 중요하다고 알고 있던 장이 이렇게 주목받는데는 점점 활발해지는 프로바이오틱스 연구의 영향이 큽니다. 프로바이오틱스가 우리 몸에서 어떤 역할을 하길래 그런 걸까요?

　# 40대 여성이 아이들에게 먹일 프로바이오틱스를 구매하고 싶다며 상담을 요청합니다. 첫째가 아토피피부염을 앓고 있는데 보장균수 100억의 고함량 프로바이오틱스를 섭취하면

서 많이 개선되었다고 합니다. 현재 아이가 두 명이라 고함량 프로바이오틱스로 두 명을 챙기려니 가격 부담이 커서 마트에서 판매하는 보장균수 1억짜리 제품으로 변경했는데 첫째의 피부 상태가 나빠졌다며 이야기를 이어갑니다.

섭취하던 프로바이오틱스를 변경한 후 건강한 둘째는 특별한 변화가 없었다고 합니다. 첫째는 예전에도 이런 경험이 있었는데, 그때는 우연의 일치라 생각하며 무시했다고 합니다. 그런데 같은 상황을 몇 차례 반복하면서 큰아이가 병원에서 약을 처방받으며 치료하는 과정을 자세히 살펴보니 고함량 프로바이오틱스를 섭취할 때보다 회복속도도 느리고 재발이 잦아졌다며 하소연합니다. 하지만 여전히 가격이 부담이 된다며 고민을 토로합니다.

첫째는 알레르기질환을 앓고 있어 둘째 아이보다 유해균의 비율이 높고 면역세포의 균형이 무너졌을 가능성이 큽니다. 유해균과 유익균의 비율은 생각보다 쉽게 바뀌지 않아 특정 질환, 특히 반복적인 알레르기질환을 앓고 있다면 건강한 사람의 장과 다르게 관리해야 합니다. 그래서 첫째는 고함량 프로바이오틱스를 섭취하고, 둘째는 건강 관리 목적으로 저함량 프로바이오틱스 섭취하도록 조언했습니다.

아토피피부염 같은 알레르기질환을 앓고 있는 아이들은 면역세포의 균형이 무너져 알레르기 반응이 심해지거나 재발하는 것으로 알려져 있습니다. 프로바이오틱스를 섭취하면 불균형한 면역세포의 균형이 회복되면서 알레르기 증상의 재발이 감소하는 경향이 있어 일반적인 치료의 보조요법으로 많이 활용됩니다.

프로바이오틱스는 조금 섭취하더라도 장에서 증식하므로 보장균수 1억짜리 제품도 건강 관리 목적으로 섭취하기에 좋습니다. 하지만 유해균의 비율이 높아 면역세포의 균형이 무너졌을 때는 고함량 프로바이오틱스 섭취로 유익균의 비율을 높이지 않으면 원하는 결과를 얻기 어렵습니다. 이런 연유로 위의 사례에서 아토피피부염을 앓는 큰아이에게 보장균수 100억의 고함량 프로바이오틱스를 섭취하도록 권했습니다. 이런 예는 다른 곳보다 환자의 건강기능식품 상담이 많은 약국에서 자주 볼 수 있습니다.

점점 커지고 다양해지는 프로바이오틱스 시장

한국건강기능식품협회가 발간한 〈2018 건강기능식품 시장 현황 및 소비자 실태 조사〉 보고서에 따르면, 국내 건강기능식품 매출액 상위 기능성 원료는 홍삼, 프로바이오틱스, 종합비타민, 단일 비타민, EPA 및 DHA 함유 유지✦(크릴오일, 오메가3 등) 순으로 나타났습니다. 홍삼을 비롯한 비타민, EPA 및 DHA 함유 유지는 오랫동안 꾸준히 판매되어온 건강기능식품이지만, 프로바이오틱스는 최근 10년 사이에 가파르게 성장했습니다. 이에 발맞춰 2016년 생애주기별 맞춤형 프로바이오틱스 브랜드를 선보인 J사의 2019년 상반기 프로바이오틱스 제품 매출은 925억 원으로 2018년 상반기 361억 원 대비 150% 넘게 증가했으며, 현재 흐름대로라면 연매출 2000억 원을 달성할 것으로 예상됩니다. J사의 매출 증가는 프로바이오틱스 시장의 성장을 증명해줍니다.

　프로바이오틱스 시장은 규모뿐 아니라 구성면에서도 다양

✦　건강기능식품 법규상 오메가3는 'EPA 및 DHA 함유 유지'로 표시합니다.

하게 성장하고 있습니다. 장과 면역 외에도 2015년 여성 질 건강에 도움을 줄 수 있는 개별 인정형 프로바이오틱스가 출시되고, 최근에는 체지방 감소(다이어트), 여성 갱년기 건강 개선 등 다양한 분야의 개별 인정형 프로바이오틱스 제품이 늘어나고 있습니다. 해외 프로바이오틱스 원료사들이 연구해놓았으나 아직 국내에 허가되지 않은 기능성과 나날이 발전하는 프로바이오틱스 연구 기술을 고려하면 앞으로 프로바이오틱스 시장은 더 전문적이고 맞춤화된 방향으로 성장하리라 예상합니다.

원활한 배변 활동 그 이상의 가치

프로바이오틱스는 체내에 들어가서 건강에 유익한 효과를 내는 살아 있는 균을 말합니다. 흔히 '유산균'이라고도 하는데, 정확히는 락토바실러스로 대표되는 유산균을 포함한 비피도박테리아, 효모 등 다양한 미생물을 말합니다. 과거에는 불가리아 사람들의 장수 비결을 시작으로 배변 활동 개선에 집중한 유산균 음료 시장이 활발했다면, 인간 게놈 프로젝트 이후 미생물 유전자를 분석하는 기술이 발전하고 인체 미생물에 대한 이해도가 높아지면서 프로바이오틱스 자체로 주목받기 시작했습니다. 그 결과 자폐증, 비만, 알츠하이머병, 당뇨병 등의 질환 치료와 연관된 프로바이오틱스 연구에 대한 뉴스도 눈에 자주 띕니다. 그때마다 등장하는 단어가 '마이크로바이옴 Microbiome'입니다.

우리 몸에 사는 미생물, 마이크로바이옴의 가치

마이크로바이옴은 미생물을 뜻하는 'microbe'와 특정 환경의 생물군계生物群系를 의미하는 'biome'의 합성어로, 우리 몸에 사는 미생물과 그 유전정보를 일컫는 말입니다. 그중 가장 많은 미생물이 사는 장 속 미생물의 역할이 강조되며, 마이크로바이옴과 장내균총gut microbiome이 같은 의미로 통용되기도 합니다. 마이크로바이옴은 현재 우리가 이해하는 프로바이오틱스 이상의 수준으로 연구되고 있습니다. 특히 인체 마이크로바이옴은 순수한 인체의 세포 수보다 두 배 이상 많고 그들이 가지고 있는 유전자 수는 100배 이상 많아 미생물을 빼놓고 인간 유전자를 논할 수 없다는 의미에서 제2의 게놈Second Genome이라 부르기도 합니다. +

　마이크로바이옴이 주목받는 이유는 우리 몸에 긍정적 효과를 주는 유익균과 질병·노화의 원인으로 지목되는 유해균의 생성 원리를 이해하고 특정 균과 질병 사이의 연관성을 분석해 신약 개발과 불치병 치료에 폭넓게 활용할 수 있다고 기대되기 때문입니다. 이 흐름은 인간 게놈 프로젝트 종료 후 발전된 유전자 분석 기술을 활용하여 질병을 일으키는 특이 미생물 유전정보를 분석하기 위해 전 세계 과학자들이 '국제 인간 마이크로바이옴 컨소시엄IHMC'을 조직하면서부터 시작되었습니다. 참고로, 한국은 2011년 5월 여덟 번째 회원국으로 IHMC에 가입했습니다.

+ 　이와 관련한 다양한 연구를 일목요연하게 정리한 책이 앨러나 콜렌의 《10퍼센트 인간》(시공사, 2016)입니다. 책 제목은 인간을 구성하는 유전자의 90%가 미생물의 것이라는 뜻입니다.

사람들은 왜 프로바이오틱스를 섭취할까?

그런데 사람들이 이런 복잡한 내용을 이해하고 선택했기 때문에 프로바이오틱스 시장이 확대되는 걸까요? 아니면 프로바이오틱스의 중요성을 강조하는 각종 마케팅에 휘둘려서 구매하는 걸까요?

소비자 동향을 이해할 때 참고하면 좋은 자료가 온라인 구매 후기입니다. <2018 건강기능식품 시장 현황 및 소비자 실태 조사>에 따르면, 조사 대상 소비자 1200명 중 약 60%가 구입 전 제품에 대한 정보를 탐색하는데, 그중 64.9%가 인터넷을 활용한다고 합니다. 약국에서 약사와 건강기능식품에 관해 상담하는 도중에도 온라인으로 제품 정보와 후기를 검색할 만큼 소비자들의 구매 행동 패턴은 많이 달라졌습니다. 이제는 먹지도 않고서 올리는 가짜 후기는 쉽게 거르고, '진짜' 후기와 주변 경험담을 참고해 제품을 선택합니다.

'배송이 빨라요' '가격이 싸요' '누가 추천해줘서 한번 먹어보려고요' 같은 후기를 제외하고 진짜 프로바이오틱스 섭취 후 효과를 본 사람들의 후기를 읽다 보면 왜 이렇게 사람들이 프로바이오틱스에 열광하는지 이해할 수 있습니다.

• 아이가 변비가 심할 때는 방귀도 안 나올 정도였는데 먹인 후 방귀도 시원하게 뀌고 대변 색도 좋아진 게 눈에 보여요.
  • 장이 더부룩해진 게 없어져서 너무 편합니다.
  • 항상 먹는 제품입니다. 변비가 없어져서 계속 섭취하고 있어요.
  • 장이 약해서 변비와 묽은 변이 지속되었는데 많이 나아졌습니다. 식이 조절을 하면서 섭취하면 더 나아지리라 기대하며 추가 구매합니다.
  • 부모님 선물로 사드렸는데, 몸이 건강해지신 것 같다고 하셔서 재구매합니다. 장이 면역력에 좋다고 해서 항상 유산균을 드셨는데, 이 제품은 하루 한 알로도 생활이 편해졌다고 만족하십니다.

구매 후기에서 드러나듯 프로바이오틱스를 섭취하는 이유는 대개 변비, 묽은 변(설사로 표현하기도 합니다), 과민성장증후군(장의 더부룩함), 면역력, 이 네 가지입니다. 그래서 유명 프로바이오틱스 제품 광고에서도 변비로 힘들어하는 상황을 표현하거나 면역력을 강조합니다. 그런데 넷 중에서 묽은 변은 프로바이오틱스 섭취 후 오히려 증상이 심해지거나 만족도가 낮은 사례가 많습니다. 이럴 때는 특정 질환이 있어서 치료가 필요하거나 소화 기능에 도움이 되는 일반의약품을 함께 섭취하면 개선될 수 있으니 전문가와 상의해보시길 권합니다.

장내 유익균 강화에 도움을 주는 프로바이오틱스

프로바이오틱스 섭취 후 좋은 결과가 나타나는 이유는 무엇일까요? 우리 몸에는 건강에 유익한 영향을 주는 '유익균'과 나쁜 영향을 주는 '유해균'이 함께 살고 있습니다. 몸속에 유해균이 많아지면 건강에 나쁜 영향을 주므로 프로바이오틱스를 섭취해 유익균의 수를 높게 유지하면 건강한 삶에 도움이 됩니다.

유익균이 줄어든 상태가 장기화되면 면역세포의 활동이 약해지거나 예민해지면서 각종 면역질환을 일으키거나 체내로 나쁜 물질이 많이 들어올 수 있습니다. 그래서 프로바이오틱스를 꾸준히 섭취해 건강한 장을 만드는 것이 면역의 기본으로 강조됩니다. 유익균이 줄어들고 유해균이 많아졌을 때 나타나는 대표적 증상 중 우리가 일상에서 가장 쉽게 마주하는 증상이 설사입니다. 나이가 들면서 유익균이 감소해 묽은 변이 증가하는 것도 하나의 예지만, 중이염이나 후두염 같은 각종 염증 치료를 위해 항생제를 복용한 뒤 설사를 하는 것도 항생제가 장의 유익균을 감소시키는 것과 연관됩니다. 그래서 소아청소년과에서 아이들에게 항생제를 처방할 때는 '정장제'로 프로바이오틱스를 함께 처방합니다.

이렇게 들으면 프로바이오틱스가 꽤 단순한 역할을 하는 듯한데, 왜 이리 프로바이오틱스가 계속 강조되는 걸까요? 궁금증을 해소하기 위해 본격적으로 프로바이오틱스의 역할을 알아보겠습니다.

내 몸에 사는 미생물, 정상세균총

우리가 일생에서 처음으로 균을 만나는 때는 태어나는 순간입니다. 엄마의 몸 안에서 면역세포가 성장·발달하면서 무균 상태로 유지되던 태아는 출생 후 처음으로 다양한 미생물을 만납니다. 이때 만나는 첫 미생물이 엄마의 산도에 있는 락토바실러스 같은 유익균이냐, 피부에 있는 유해균이냐의 차이가 자연분만으로 낳은 아이와 제왕절개로 낳은 아이의 초기 장내 균총 형성에 영향을 준다는 연구도 발표되었습니다. 자연분만으로 낳은 아이가 엄마의 산도를 통과하며 유익균을 만나는 순간을 '미생물 샤워(세균 샤워)'라고 표현하며 임신부 프로바이오틱스 섭취의 중요성을 강조하기도 합니다. 물론 이 차이는 부모의 보살핌을 받으면서 점차 줄어들기 때문에 장기적으로 건강에 미치는 영향에 대해서는 더 많은 연구가 필요합니다.

태어날 때부터 우리 몸의 기도, 소화관, 피부, 눈, 비뇨생식기 등 외부와 만나는 피부 및 점막에는 다양한 미생물이 살아갑니다.✛ 우리 몸 곳곳에 사는 이 미생물 집단을 정상세균총正常細菌叢, normal bacterial flora이라고 하는데, 정상세균총은 대체

✛   소화기관은 우리 몸 안에 있지만 음식이 들어오는 소화기관의 '안쪽' 공간인 위 점막, 장 점막 등은 우리 몸 입장에서 이해하면 피부와 같이 외부 물질을 만나는 '바깥' 공간으로 구분됩니다.

로 일정한 상태로 조화를 이루며 우리 몸의 방어기구로서 유해균의 감염을 막아줍니다. 여성의 질 건강 유지에 프로바이오틱스가 도움이 되는 이유도 바로 이러한 맥락에서입니다.

입에서 항문까지 소화기관 곳곳에 미생물이 살지만, 지금부터 설명하는 프로바이오틱스의 기능은 미생물이 가장 많이 사는 '장'에 집중됩니다. 장은 음식물 소화와 영양분 흡수, 찌꺼기 배출뿐 아니라 면역세포 발달 등의 다양한 기능에 유익균이 가장 많은 역할을 하는 곳이기 때문입니다. 영양분 흡수와 면역세포 발달 측면에서 건강의 기본이 되는 장의 정상세균총 유지에 프로바이오틱스는 매우 중요한 역할을 합니다.

유해균과의 경쟁에서 살아남기: 프로바이오틱스의 항균 효과

프로바이오틱스를 섭취하면 장내에 늘어난 유익균이 직접 유해균의 성장을 억제하며 정상세균총의 회복을 도와 우리 몸의 방어력을 높입니다. 유해균의 성장을 막는 방법으로는 우선

박테리오신, H_2O_2(과산화수소), 유기산 같은 항박테리아 물질을 분비해 직접 유해균을 억제하는 방법이 있습니다. 또 락토바실러스 같은 젖산균이 젖산lactic acid을 생성해 장관의 산도pH를 낮춰 유해균이 살기 어려운 환경을 만들어 유해균의 성장을 억제합니다.

또 다른 방법은 유익균이 유해균보다 수적으로 우세하도록 만드는 것입니다. 장에는 미생물이 살 수 있는 '공간'이 제한되어 있습니다. 쉽게 말해 균이 살 수 있는 집의 숫자가 정해져 있습니다. 이때 유익균이 유해균보다 많으면 더 많은 공간에 유익균이 먼저 자리를 잡아 정착하고, 자리를 잡지 못한 유해균은 감염을 일으킬 정도로 증식하지 못합니다. 이 과정에서는 '먹이'도 필요한데, 유익균의 수가 많으면 정해진 양의 먹이를 유익균이 더 많이 먹어서 유해균이 먹고 증식할 수 있는 먹이의 양이 줄어듭니다.

유익균은 유익한 효과를 발휘하는 다양한 정보✛를 담고 있

✛　앞서 설명했듯이 마이크로바이옴이 주목받는 이유는 미생물이 가진 유전정보 때문입니다. 장내 유익균 또한 유익균이 가진 유전정보를 바탕으로 발현되는 다양한 기능을 나타냅니다.

어서 많이 살아 있으면 그만큼 다양한 기능을 기대할 수 있습니다. 그래서 장내균총의 건강 상태를 분석할 때 유익균의 절대적인 수도 보지만 균의 다양성도 중요한 척도로 봅니다. 유익균이 가진 정보는 어떤 방식으로 우리 몸의 방어력에 작용할까요?

우리 몸의 1차 방어막 장 상피세포 지키기: 장누수증후군을 아시나요?

우리 몸을 보호하는 피부는 바깥쪽에서부터 표피, 진피, 피하지방층의 세 층으로 이루어진 반면, 장은 상피세포 하나의 층으로 이루어져 있습니다. 피부는 완벽히 바깥에 노출되어 보호 기능이 가장 중요하지만, 장은 외부 물질의 유입을 막는 동시에 영양분을 흡수해야 하기 때문에 보호막이 너무 두터우면 영양분 흡수에 불리합니다. 단순하게 표현하면, 장은 다음 그림과 같은 방식으로 나쁜 외부 물질의 유입을 막고 영양분을 빠르게 흡수해 우리 몸에 전달하는 역할을 합니다.

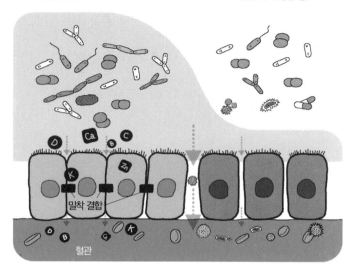

〈건강한 장〉　　　　　　　　　　〈건강하지 않은 장〉

밀착 결합

혈관

[유익균의 역할과 장누수증후군]

그림의 왼쪽은 건강한 장, 오른쪽은 건강하지 않은 장 점막을 표현한 것입니다. 그림을 잘 보면, 장의 상피세포(몸 표면이나 내장기관의 내부 표면을 덮고 있는 세포)는 하나의 길쭉한 세포가 아니라 각각의 세포가 빈틈없이 단단하게 붙어 있습니다. 이렇게 단단하게 붙어 있는 상태를 밀착 결합tight junction이라고 하는데, 그림에 표현된 까만색 막대가 이 결합을 유지하는

단백질입니다. 그리고 이 막대가 발현되는 정보를 가지고 있는 것이 장내 유익균입니다.[+]

장내 감염, 만성 스트레스, 음주와 흡연 같은 잘못된 생활습관, 약물 복용 등으로 유익균의 숫자가 줄어들어 밀착 결합을 유지하는 막대가 덜 만들어지면 장벽이 느슨해져 틈이 생기는 장누수증후군(새는 장 증후군)Leaky Gut Syndrome[++]이 생깁니다. 장 점막 세포가 느슨해지거나 탈락하는 등 장 기능이 약해지면 나쁜 물질이 체내로 쉽게 들어와 다양한 염증질환을 유발합니다.

그림을 보면, 장 상피세포 위에 회색의 두터운 층이 있습니다. 이것은 하나의 세포층으로 이루어진 장을 보호하는 방어막인 점액질mucus입니다. 점액질은 장의 점막에서 분비되는 끈적끈적한 뮤신mucin과 면역분자 등으로 구성되며, 외부로부

[+] 정확하게 어떤 미생물이 이 단백질의 발현과 연관되는지에 관한 연구는 아직 부족하며, 일반적인 유익균의 기능으로 이해되고 있습니다.
[++] 특정한 하나의 증상이 아니라 여러 현상이 합쳐져 하나의 종합된 증상을 나타낼 때 '증후군'이라고 표현합니다. 만성피로증후군, 과민성장증후군과 같이 '증후군'이라 부르는 것은 원인이 다양하므로 고혈압, 감기, 당뇨병 등과 다른 방식으로 치료를 진행합니다.

터 장을 보호하고 소화 운동의 윤활제 역할을 합니다. 뮤신은 고분자 당단백질로 점액질 구성에 핵심 역할을 하는데, 이 뮤신의 생성 또한 유익균의 역할로 알려져 있습니다. 대표적으로 아커만시아 뮤시니필라Akkermansia muciniphilla라는 균이 점액질에 살면서 장 세포를 자극해 뮤신과 같은 방어물질의 생산을 늘려 다양한 유익균을 가두고 보호하는 역할을 합니다. 또 이 점액질이 줄어들면 유해물질뿐 아니라 영양소가 체내로 더 많이 유입되기 때문에 이 균은 비만과 염증 치료에도 큰 도움을 줄 것으로 예상되어 활발히 연구되고 있습니다.

프로바이오틱스 섭취로 이러한 유익균의 기능이 활발해지면 장 상피세포가 보호되며 장누수증후군을 관리·예방하기 때문에 면역에 긍정적 효과를 나타냅니다. 어? 그런데 홈쇼핑이나 TV 건강 프로그램에서 많이 강조하는, 장내에 존재하는 70% 이상(80%라고도 합니다)의 면역세포 이야기는 언제 나오나요? 지금부터 그 역할을 설명해드리겠습니다.

70% 이상의 면역세포가 사는 장:
제대로 배운 면역세포가 면역력의 중심이 된다!

면역세포의 70% 이상이 장에 살고 있다는 게 무슨 의미일까요? 외부에서 유입된 유해균과의 싸움 중 70%가 장에서 이루어지기 때문에 중요하다는 걸까요? 그렇지는 않습니다. 장이 외부 물질 유입을 차단하는 1차 방어선이긴 하지만, 장에 존재하는 면역세포의 활동이 장을 지키는 데에만 한정되진 않기 때문입니다. 장에는 소화관 점막, 기관, 비뇨생식기, 눈물샘 등 전신의 점막면역기구에서 중요한 역할을 하는 장관관련림프조직gut-associated lymphoid tissue, GALT이 있습니다. 그리고 이곳에 전체 면역세포의 70% 이상이 존재합니다. 이렇게 많은 장관관련림프조직에서 어떤 일을 할까요?

우선 면역세포가 장에 유입된 유해균을 직접 물리치거나 장의 감염을 예방하는 항체✦ 면역글로블린A IgA를 생성합니다.

✦ 바이러스, 세균 등 항원을 비활성화하고 유해균에 대항하여 세포의 자극을 유도하는 당단백질로, 혈액과 림프에 저장되어 있다가 면역반응이 일어나는 곳으로 이동합니다.

모유, 특히 초유에 많은 IgA는 신생아 감염 예방에 중요한 역할을 하는데, 프로바이오틱스를 섭취하면 유익균이 IgA를 생성하는 면역반응을 활성화해 각종 감염 예방에 도움을 주는 것으로 알려져 있습니다.

이렇게 장관관련림프조직의 면역세포는 좋은 내용, 나쁜 내용 구분하지 않고 유익균과 유해균이 전달하는 정보를 받은 후 전신의 점막면역기구로 이동하며 소통합니다. 즉, 장관관련림프조직에서 면역세포가 어떤 정보를 받고 전달하느냐가 전체 면역세포의 활동 방향을 결정한다고 볼 수 있습니다. 예컨대 장벽을 통해 유해균이 들어오면 장관관련림프조직의 면역세포가 정보를 받고 몸의 모든 면역세포들에게 알림을 울리는 보초 역할을 합니다. 이는 유해물질 유입이 늘어나는 장누수증후군이 다양한 면역질환과 연결되는 이유이기도 합니다. 반대로 유익균이 주는 정보로 면역세포들이 건강한 내용을 학습하면 안정적인 면역력 형성에 도움을 줍니다. 이런 이유로 면역세포의 불균형이 원인으로 지목되는 알레르기질환 관리에 프로바이오틱스의 활용이 점점 늘고 있습니다.

영양소 흡수·분해도 하는 유익균

프로바이오틱스의 역할은 면역에서 끝나지 않습니다. 우리 몸이 분해하지 못하는 섬유질과 다당류를 발효시켜 소화를 돕고, 정상적인 장운동을 돕는 역할도 합니다. 그래서 변비 개선을 위해 충분한 수분과 식이섬유 섭취에 더해 프로바이오틱스 섭취를 권하기도 합니다. 또한 비타민B1, B6, B12, K 등의 생성을 돕고 철분, 칼슘 같은 미네랄의 흡수율을 높이는 역할도 합니다. 나이가 들면서 유해균이 늘어나면 묽은 변이 증가하면서 영양분 흡수가 악화되는 영향도 있으나, 유익균이 본래 가지고 있는 영양분 흡수 능력이 약해져 전반적인 체력 저하나 건강 문제가 발생하기도 합니다.

지금까지 프로바이오틱스 섭취 후기를 통해 살펴본, 사람들이 프로바이오틱스를 섭취하는 이유인 변비, 설사, 면역력에 유익균이 끼치는 영향에 대해 이야기했습니다. 그런데 한 가지가 빠졌네요. 바로 과민성장증후군입니다. 과민성대장증후군이라고 하기도 하는데, 소장세균 과증식도 하나의 원인으로 지목되어 통합적으로 과민성장증후군irritable bowel syndrome,

IBS으로 표현합니다. 후기에서 보았던 더부룩한 장과 반복되는 변비·설사 모두 과민성장증후군의 대표 증상으로, 생각보다 많은 사람이 이로 인한 불편을 겪고 있습니다. 건강보험심사평가원 자료에 따르면, 최근 소화기 문제로 병원을 방문한 환자의 약 30%가 과민성장증후군으로 진료를 받았다고 합니다. 과민성장증후군이 무엇이기에 이렇게 많은 사람이 고생하는 걸까요?

나도 과민성장증후군?

과민성장증후군은 특별한 원인 없이 복통, 복부 불쾌감과 함께 배변 습관의 변화가 나타나는 상태를 말합니다. 증상이 유사한 염증성 장질환 같은 특정 질환 감별을 위해 대변검사나 내시경검사 등을 시행하는데, 과민성장증후군은 혈액검사를 포함한 일반적 검사에서 특별한 문제가 드러나지는 않습니다. 대신 식사하거나 스트레스를 받을 때 복부 팽만, 잦은 트림, 방귀 같은 불쾌한 소화기 증상이 나타나고, 장기화하면 전신 피로, 두통, 불면, 역류성 식도염, 골반 통증 등의 비특이적 증상도 발생합니다. 한 가지 특징은 불쾌한 소화기 증상이 배변 뒤 완화되는 경향이 있어 대개 큰 문제라고 생각하지 않고 지낸다는 점입니다. 그러다 증상이 심해져 삶의 질이 나빠졌을 때 상태를 개선하기 위해 다양한 방법을 모색하는데, 그중 하나가 프로바이오틱스 섭취입니다.

과민성장증후군은 아직 명확한 원인이 밝혀지지 않았습니다. 그래도 제가 어렸을 때처럼 단순히 '신경성'이라고 진단하는 대신 증상 개선을 위해 다양한 노력을 전개하고 있습니다. 가장 많은 관심을 받는 것이 뇌-장축 변화와 장내균총 변화입니다. 뇌-장축 변화는 과민성장증후군을 앓는 사람들이 대부분 만성적 불안, 우울, 짜증 등의 심리적 증상을 동반하거나, 정신적 스트레스, 심리적 요인이 증상을 유발하거나 악화한다는 점에서 주목받고 있습니다. 예를 들어 급작스러운 업무나 생활 환경 변화로 과민성장증후군이 발생하기도 합니다. 위장관은 신경과 신경전달물질을 통해 뇌와 직접 소통하는데, 이 과정에서 뇌의 정신적·심리적 변화가 위장관 증상에 영향을 주는 것으로 보고 있습니다.

장내균총 변화가 과민성장증후군의 원인으로 지목되는 이유는 크게 두 가지입니다. 이 증상이 장염이나 항생제 치료 뒤에 흔하게 나타나고, 과민성장증후군을 앓는 사람의 장내균총을 분석했더니 정상인과 많이 다른 점이 발견되었기 때문입니다. 특히 늘어난 유해균이 식이섬유를 분해하면서 발생시키는 유해 가스가 복통이나 복부 팽만감을 유발하는데, 이때 프로바이오틱스를 섭취하면 유익균이 증가하면서 다수의 불편 증상이 개선되는 것으로 나타났습니다.

그럼 모든 과민성장증후군 환자에게 프로바이오틱스가 도움이 될까요? 꼭 그렇지는 않습니다. 과민성장증후군은 하나의 형태로 나타나지 않기 때문입니다.

과민성장증후군의 네 유형

과민성장증후군은 우리 몸의 1차 방어막인 장의 상태가 나빠져서 굉장히 다양한 증상이 나타나는 것으로 유명합니다. 모든 증상을 망라하긴 어렵지만 주된 소화기 증상을 기준으로 크게 네 유형으로 구분합니다.

첫 번째는 만성 복통과 변비를 동반하는 변비형IBS-C, IBS with constipation입니다. 보통 과민성장증후군은 설사만 나타난다고 많이들 잘못 알고 있는데, 변비만 나타나기도 합니다. 변비형은 대장운동이 제대로 되지 않아 장에 변이 차 있음에도 화장실에 가지 못해 복부 팽만감뿐 아니라 만성적인 복통을 호소합니다. 주로 여성에게 많이 나타나므로 약국에서 변비약을 자주 구매하는 여성이라면 자신의 변비가 복통을 동반한 과민성장증후군 증상은 아닌지 한번 확인해봐야 합니다.

두 번째는 설사형IBS-D, IBS with diarrhea입니다. 이 경우 '꾸르륵' 소리가 나면서 갑자기 배가 아픈 게 특징이며 긴장하거나 스트레스를 받을 때 '꾸르륵' 소리와 함께 설사하는 경우가 많습니다. 잦은 묽은 변으로 지사제나 정장제를 자주 복용하고 있다면 설사형 과민성장증후군 증상은 아닌지 전문가와 정확히 상담해야 합니다. 참고로, 묽은 변이나 설사를 자주 하면 영양분이 제대로 흡수되지 않아 전신 피로 같은 증상이 발생할 가능성이 있습니다.

세 번째는 설사·변비 혼합형IBS-M, mixed-type IBS입니다. 이름처럼 설사와 변비가 번갈아 나타나는 것이 특징입니다.

네 번째는 설사와 변비 없이 불쾌한 소화기 증상만 있는 복부 팽만형입니다. 식사 후 배 안에 가스가 가득 찬 느낌 때문에 포만감과 팽만감으로 불편을 호소합니다.

네 유형 모두 프로바이오틱스 섭취로 일정 부분 개선되지만 모든 증상이 완벽하게 나아지진 않을 수 있습니다. 그럴 때는 전문가와 자신이 겪고 있는 불편 증상을 조금 더 구체적으로 상담하고 다른 방법을 추가하거나 식단을 조절하는 방법을 추천합니다. 식단 조절은 과민성장증후군 환자를 위해 호주에서 개발한 저포드맵 식단Low FODMAP Diet을 참고하면 도움이 됩니다.

과민성장증후군을 위한 식단

포드맵FODMAP은 Fermentable(발효되기 쉬운), Oligo-saccharides(올리고당류: 프룩탄), Disaccharides(이당류: 유당), Monosaccharides(단당류: 과당), And Polyols(폴리올: 당알코올류)의 앞글자를 따서 만든 말로, 발효되기 쉬운 당 성분을 정리해놓은 것입니다. 당 성분은 대장에서 유해균의 먹이가 되어 발효가 일어나면 가스를 유발하고, 소화가 제대로 되지 않으면 삼투압 작용으로 장내 수분량을 증가시켜 설사를 일으킵니다. 사과, 수박, 표고버섯, 복숭아, 유제품, 마늘, 양파, 콩류, 커피 등이 대표적입니다. 그럼 이 모든 것을 먹지 말아야 할까요? 그렇지는 않습니다. 저도 과민성장증후군이 굉장히 심한데, 위 음식들을 양을 조절해가며 먹고 있습니다. 특히 삼겹살을 먹을 때 마늘을 많이 먹으면 다음 날 종일 괴로워서 줄이려고 노력하고, 커피도 하루 두 잔으로 제한하고 있습니다. 이런 식으로 먹었을 때 속이 불편했던 음식의 섭취를 조금씩 조절하면 보다 편안한 삶을 살 수 있습니다.

과민성장증후군 환자에게 추천하는 저포드맵 식단 중 우리가 쉽게 접근할 수 있는 것도 있습니다. 과일은 블루베리나 딸기 등의 베리류, 소장에서 흡수되어 대장에 미치는 영향이 적은 쌀, 소화가 잘되는 익힌 채소 등이 대표적입니다. 특히 콩이나 잡곡을 듬뿍 넣은 밥을 먹으면서 평소 가스가 차는 문제로 고민이라면 쌀밥으로 바꿔보는 것도 나쁘지 않습니다. 잡곡이 좋긴 하지만, 과민성장증후군이 심하다면 한번 고려해볼 필요도 있습니다. 만일 당뇨병 같은 특정 질환 때문에 잡곡으로 식단을 조절하고 있다면, 잡곡의 양을 조금 조절하면서 잡곡밥을 계속 먹는 편이 더 낫습니다. 아무래도 흰 쌀밥은 혈당을 급격하게 올리기 때문에 당뇨 환자에게 권하는 식단은 아니니까요.

식단 관리 대신 프리바이오틱스 섭취는 어떨까?

최근 프리바이오틱스가 뜨거운 관심을 받고 있습니다. 프리바이오틱스는 유익균의 먹이를 뜻하는데, 프로바이오틱스 대신 프리바이오틱스 섭취만으로도 유익균을 늘릴 수 있고 프로바이오틱스와 함께 섭취하면 유익균 증식에 도움을 준다는 콘셉트로 주목받고 있습니다. 그러나 프리바이오틱스도 좋지만, 프로바이오틱스를 섭취하면서 평소 식단을 유익균이 좋아하는 방향으로 조금씩 변경하는 편이 더 좋습니다.

프리바이오틱스가 제대로 효능을 발휘하려면 생각보다 많은 양을 먹어야 해서 가격이 비싸고, 프리바이오틱스를 섭취하더라도 식단이 바뀌지 않는 한 장에 사는 균의 종류가 크게 변하지 않습니다. 앞서 장내균총을 이야기할 때 유익균의 수도 중요하지만 다양한 균의 역할도 중요하다고 이야기했습니다. 그렇기에 '프리바이오틱스+프로바이오틱스' 조합보다는 '프로바이오틱스+식단 조절'을 더 권하는 편입니다. 특히 청국장이나 된장 같은 발효식품을 자주 먹고 가공식품 섭취를 줄이면 속이 한결 편안해집니다.

장 상태가 매우 좋지 않고 식단 조절이 어렵다면 프로바이오틱스와 함께 프리바이오틱스를 섭취하는 방법도 좋습니다. 특히 변비가 매우 심해 어떤 프로바이오틱스 제품으로도 증상이 개선되지 않는다면, 프리바이오틱스+프로바이오틱스 조합의 효과가 괜찮은 편이니 시도해보시길 추천합니다.

어떤 프로바이오틱스 제품을 선택해야 할까?

가장 어려운 숙제가 남았습니다. 안타깝지만 사람마다 장 상태가 너무 달라서 모두에게 동일한 효과를 나타내는 '최고의 프로바이오틱스'는 없습니다. 프로바이오틱스 제품은 각 회사에서 설정한 판매가격과 핵심 기대효과를 중심으로 국내에서 사용 가능한 19종의 균을 다양하게 배합해 만듭니다. 균의 구성은 동일한데 투입균수만 달리해 아이용과 성인용을 구분하는 회사도 있고, 변비 개선 효과를 위해 소장에 많이 사는 락토바실러스균보다 대장에 많이 사는 비피도균의 함량을 늘리는 회사도 있습니다. 이런 정보는 온라인 판매 위주로 운영하는 회사들의 홈페이지에서 제품 정보를 확인해보면 쉽게 알 수 있습니다. 온라인 판매를 중심으로 운영하지 않는 회사는 홈페이지보다 오프라인 판매 현장에서 이런 정보를 얻기가 더 편리합니다.

그런데 국내에서는 건강기능식품 광고 심의 규정상 개별 인정형 제품이 아니라면 일반적으로 알려진 프로바이오틱스의 유익한 기능을 제품 라벨에 표기할 수 없습니다. 균의 구성과 함량을 다르게 하여 면역, 설사, 변비, 피부 등으로 기대효과를 나누어 제품을 설계하더라도 모든 프로바이오틱스의 기능성은 '유산균 증식 및 유해균 억제에 도움을 줄 수 있음, 배변 활동 원활에 도움을 줄 수 있음'으로만 표시할 수 있습니다. 단,

개별 인정형 제품은 '유산균 증식을 통한 여성의 질 건강에 도움을 줄 수 있음' '장 면역을 조절하여 장 건강에 도움을 줄 수 있음'처럼 특정 기능성 표시를 할 수 있습니다.

 건강기능식품 고시형 원료 vs 개별 인정형 원료

국내에서는 건강기능식품 원료를 두 가지로 나누어 관리합니다. '고시형 원료'란 〈건강기능식품공전〉(이하 공전)에 등재된 기능성 원료로서, 공전에서 정하고 있는 제조 기준, 규격, 최종 제품의 요건에 적합하다는 점만 확인되면 별도의 인정 절차 없이 누구나 활용 가능한 원료를 말합니다. 예를 들어 오메가3로 불리는 'EPA+DHA 함유 유지' 원료는 다음과 같은 기준을 통과하면 제품으로 만들 수 있습니다.

– 제조기준
- 원재료: 식용 가능한 어류 및 조류藻類, 바닷물범 *Pagophilus groenlandicus*
- 제조방법: 상기 원재료에서 가열, 압착, 헥산 또는 이산화탄소(초임계추출)를 이용하여 유지를 추출한 후 여과하거나, 추출한 유지를 에스테르화 공정을 통해 제조하여야 함
- 기능성분(또는 지표성분)의 함량: EPA와 DHA의 합으로서 식용 가능한 어류 유래 원료는 180mg/g 이상, 바닷물범 유래 원료는 120mg/g 이상, 조류 유래 원료는 300mg/g 이상 함유되어 있어야 함

- 규격

- 성상: 고유의 색택과 향미를 가지며 이미·이취가 없어야 함
- EPA와 DHA의 합
  ① 원료성 제품: 표시량 이상
  ② 최종제품: 표시량의 80~120%
- 잔류용매(mg/kg): 5.0 이하(헥산을 사용한 경우)
- 산가: 3.0 이하(밀납 또는 레시틴을 함유한 제품의 경우 5.0 이하)
- 과산화물가: 5.0 이하
- 중금속
  ① 납(mg/kg): 3.0 이하
  ② 카드뮴(mg/kg): 1.0 이하
  ③ 총수은(mg/kg): 0.5 이하
- 대장균군: 음성

출처: 건강기능식품의 기준 및 규격

'개별 인정형 원료'는 공전에 등재되지 않은 원료로, 영업자가 원료의 안전성, 기능성, 기준 규격 등의 자료를 제출해 식약처장으로부터 별도의 기능성을 인정받은 원료입니다. 해외에서 인정받고 판매되더라도 국내 식약처에서 요구하는 자료가 까다로워 국내 규정에 맞게 인체 적용 시험을 진행하기까지 많은 시간과 비용이 소요됩니다. 국내에서 이런 투자를 보호해주기 위한 목적인지 모르겠으나, 해당 원료는 자료를 제출해 허가받은 업체만 사용할 수 있습니다. 그래서 같은 원료라도 국내에서 개별 인정형 원료로 허가받아 판매되는 제품은 보통 해외 직구보다 비쌉니다. 물론 개별 인정형 원료를 활용해 만든 제품의 수가 많아지면 고시형으로 분류가 변경되며 원료 가격이 내려가고 동시에 제품 가

격이 안정화되기도 합니다. 우리가 많이 섭취하는 다이어트 제품 원료 '가르시니아캄보지아추출물(기능성분: HCA)'이나 눈 건강 제품 원료 '마리골드꽃추출물(기능성분: 루테인)'도 개별 인정형 원료로 허가받은 뒤 고시형으로 전환되어 현재 다수 업체가 원료와 제품을 생산하고 있습니다.

건강기능식품의 개별 인정형 제도는 국내에만 있는 규정이라 직구가 활발해진 현재 상황에서 소비자들은 혼란스러워합니다. 예컨대 해외 제품은 지금까지 알려진 프로바이오틱스의 기능을 바탕으로 제품을 설계하여 균의 구성을 다르게 했을 때 해당 제품의 기대효과를 제품 포장에 다음과 같이 표시할 수 있습니다.

기대효과	라벨 표시의 예
면역에 도움	immune support
소화에 도움	digestive system work better
질 감염 예방	prevention of vaginal infections
복부 팽만, 변비, 설사에 도움	helps defend against occasional gas, bloating, constipation, diarrhea
과민성장증후군	irritable bowel syndrome(IBS)

[해외 프로바이오틱스 제품의 기대효과 표시 예]

각각의 기능성을 표시한 한 가지 해외 제품의 균주를 살펴보면 다음과 같습니다.

기대효과 표시 예	제품에 함유된 균주	균주 구성 이유 해설
면역 및 소화에 도움	락토바실러스 아시도필러스 락토바실러스 살리바리우스 락토바실러스 플란타룸 락토바실러스 람노서스 비피도박테리움 비피덤 비피도박테디움 락티스 스트렙토코쿠스 써모필러스	면역과 소화에 모두 도움을 주기 위해 소장에 풍부한 락토균(유산균)과 대장에 풍부한 비피도균을 적절한 비율로 섞고, 제품 안정성과 유당 불내증 개선을 위해 스트렙토코쿠스 써모필러스를 추가한 것으로 예상됨
질 감염 예방	락토바실러스 아시도필러스 락토바실러스 플란타룸 락토바실러스 파라카제이 락토바실러스 카제이 락토바실러스 가세리 비피도박테리움 락티스	여성용 유산균이라고 표시된 제품으로서, 질에 많이 산다고 알려진 락토균의 비율을 높이고 여성들이 흔히 겪는 변비를 해소하기 위해 비피도균을 한 종 추가한 것으로 예상됨
과민성장증후군	락토바실러스 아시도필러스 락토바실러스 플란타룸 비피도박테리움 롱검 비피도박테리움 브레브	과민성장증후군 증상 개선 연구 자료가 비교적 많은 락토균와 비피도균을 선택해 과민성장증후군 증상 개선 기대효과를 높인 것으로 예상됨

[해외 프로바이오틱스 제품의 기대효과 및 균주 구성 예]

이해를 돕기 위해 '프로바이오틱스 해외 직구'를 검색하면 나오는 제품군 중 하나를 무작위로 선정해 제품 라벨의 균주 정보를 바탕으로 각 제품에 표시된 기대효과를 해설해보았습니다. 프로바이오틱스 제품이 다 똑같아 보이더라도 균주의 구성 및 부원료(크랜베리추출물, 프리바이오틱스의 종류, 프리바이오틱스의 함량 등)에 따라 섭취 시 효과가 다를 수 있습니다. 프로바이오틱스 시장이 활성화되면서 제조사 홈페이지를 통해서도 다양한 정보를 얻을 수 있지만, 광고 심의 규정상 프로바이오틱스의 일반적인 내용이나 부원료의 특징을 표시할 수는 없습니다. 다만 개별 인정형 원료를 사용한 제품은 보다 구체적인 기능을 표시할 수 있어서 소비자 선호도가 더 높고, 그런 제품일수록 온라인 구매가 활발합니다.

그래서 어떤 프로바이오틱스 제품을 선택하라는 걸까요? 이야기가 무척 길어졌는데, 프로바이오틱스는 제품의 라벨이나 마케팅에서 보이는 게 전부가 아니라는 이야기를 하고 싶었습니다. 국내 광고 심의 규정상 프로바이오틱스의 기능을 해외 제품처럼 선전하기 어렵다 보니 온라인과 홈쇼핑 등에서는 '냉장' 유통 및 보관을 강조하거나(초고함량 프로바이오틱스는 안정적인 균의 수를 보장하기 위해 전 세계적으로 냉장 유통 및 보관이 필수입니다) 무의미한 투입균수 및 보장균수로 경쟁을 합니다. 또 각종 '제조 특허' 중심의 광고도 프로바이오틱스의 제대로 된 활용을 막습니다. 그러다 보니 가벼운 프로바이오틱스 제품을 섭취해도 충분한 사람들까지 굳이 그럴 필요가 없는데도 고가의 초고함량 프로바이오틱스를 섭취하는 안타까운 일도 벌어집니다. 제품 선택의 요점을 간단히 정리하면 다음과 같습니다.

1) 프로바이오틱스를 섭취하려는 목적을 정하고 제품을 선택하자

특별히 불편한 점이 없고 건강 관리 목적으로 섭취한다면 자신에게 편한 제품을 선택합니다. 가격, 맛, 섭취 횟수 등 다양한 요소를 고려할 수 있습니다. 프로바이오틱스는 꾸준히 섭취하는 게 가장 중요하므로 무조건 비싼 제품을 선택할 필요는 없습니다.

만일 면역 관리, 과민성장증후군, 변비, 설사 등 특정한 불편 증상을 개선할 목적으로 제품을 구매한다면 섭취 후기, 균 구성, 전문가 의견 등을 바탕으로 가능하면 고함량 제품을 선택하는 편이 유리합니다. 보통 보장균수 100억 이상의 제품이면 유통기한 내에는 항상 100억 이상의 프로바이오틱스를 섭취할 수 있습니다.

프로바이오틱스의 '보장균수'란?

보장균수란 국내에서 식약처 허가를 받고 해외와 국내에서 제조 후 한글 라벨로 유통되는 프로바이오틱스에만 해당하는 규정으로 유통기한까지 남아 있는 균의 수를 의미합니다. 최소 1억, 최대 100억까지만 표시할 수 있습니다(개별 인정형 품목은 예외). 해외 직구 제품의 영문 라벨에 표시된 400억, 500억 등은 국내와 동일한 개념의 보장균수가 아니라 제품을 생산할 때 투입하는 균의 수를 표시하는 경우도 있으므로 구체적 정보를 더 확인해야 합니다. 그리고 유통기한까지 살아남는 균의 수가 1억~100억이기 때문에 소비자가 섭취하는 동안에는 항상 라벨에 표시된 보장균수보다 더 많은 양의 균을 섭취하게 됩니다.

2) 프로바이오틱스는 시간이 지나면 죽는다! 다른 제품처럼 집에 많이 사다 놓지 말자

보장균수가 100억이더라도 소비자가 집에서 보관하는 방식에 따라 균이 죽는 속도는 달라질 수 있습니다. 그래서 프로바이오틱스는 가능하면 포장단위대로, 많아도 2~3개월 섭취량만큼만 구매하시길 권합니다. 프로바이오틱스는 오메가3, 비타민, 미네랄과 달리 '살아 있는' 균입니다. 그러니 다른 방식으로 지켜줘야겠죠?

3) 냉장 보관? 실온 보관? 제조사나 유통사에서 정한 방식대로 보관하면 된다

값싸게 대량 구매해서 3~6개월 이상 보관하는 게 아니라면 섭취하는 동안에는 제조사나 유통사에서 정한 방식대로 보관하면 됩니다. 냉장 보관 열풍 때문에 기존에 실온으로 유통하던 회사들도 갑자기 냉장 보관 및 유통으로 변경하는 재미난 현상도 일어나고 있는데, 굴지의 프로바이오틱스 전문 업체들이 굳이 냉장 보관을 권장하지 않는다는 점을 떠올리면 다소 아이러니합니다. 다만 100억 이상의 보장균수를 유지하는 개별 인정형 품목은 고함량을 유지하기 위해 전 세계적으로 냉장 보관 및 유통을 필수로 하고 있습니다.

4) 무조건 균주도 많고 균수도 많은 게 좋을까?

앞서 해외 직구 제품의 예에서 보았듯이 제품의 기대효과에 따라 균의 구성을 다르게 할 수 있습니다. 예를 들어 동일한 보장균수 100억 제품이더라도 변비를 핵심 기대효과로 설정하고 대장의 운동성을 높이기 위해 비피도균의 종류와 함량을 높이기도 합니다. 일반적인 건강 관리나 소화기 건강 개선이

목적이라면 락토균과 비피도균이 적절히 섞인 제품이 낫지만, 다른 건강 관리 목적이 있다면 섭취 후기, 균 구성 정보, 전문가 의견 등을 참고해 선택해야 합니다.

5) 그래도 잘 모르겠다면? 오프라인 전문가의 도움을 받자

최근 활성화된 정보 채널이 모두 온라인이다 보니 정보의 전달 속도는 높지만 '소통'에는 한계가 있습니다. 알아도 '판단'을 내리기 어려운 순간들이 있는데, 그럴 때는 오프라인 전문가의 도움을 받는 것이 좋습니다. 오프라인 전문가는 보통 한 회사의 제품만 다루지 않으므로 제품의 구성을 비교하며 설명할 수 있고, 다양한 제품에 대한 평가를 알고 있어서 더 나은 제품 선택에 도움을 줍니다.

향후 성장 가능성이 가장 큰 건강기능식품인 만큼 프로바이오틱스에 대해 자세히 설명했습니다. 현재 자신이 섭취하고 있는 프로바이오틱스의 구성이 궁금한 분들을 위해 지금까지 다수의 서적, 칼럼, 기사, 논문 등을 통해 알려진 프로바이오틱스 19종의 특징 및 기대효과를 정리하며 마무리하겠습니다.

다음 정보가 현재 자신이 섭취하고 있는 프로바이오틱스의 기대효과를 예측하는 데 도움이 되길 바랍니다.

균주	특징 및 기대효과
락토바실러스 아시도필러스	• 산도(pH) 5 이하인 산성에서 잘 자라기 때문에 소화기관을 통과해 장까지 살아남는 능력이 우수함 • 영양분 흡수에 중요한 소장 융모 건강 유지에 도움을 줌 • 천연 항생물질을 형성해 궤양성대장염 및 질염 등에 활용됨
락토바실러스 플란타룸	• 김치의 유산발효를 주도해 김치 추출(식물 추출) 유산균으로 불림 • 과민성장증후군 증상 중 가스 제거에 도움을 줌 • 뇌 유래 신경영양인자 수치를 높여 우울증 완화 가능성이 알려짐 • 면역 조절 및 항균물질 형성을 통해 아토피, 중이염, 포진 바이러스 억제 등에 도움을 줌
락토바실러스 람노서스	• 장 정착성이 높고 산도 변화에 안정적임 • 소장과 질벽에서 관찰되어 여성 건강에 도움을 줌 • 유해균 침입을 억제해 면역 조절 효과가 뛰어남 • 습진, 피부염 예방 등에 활용됨
락토바실러스 카제이	• 치즈에서 처음 분리됨 • 면역 조절 및 유해균 억제로 설사에 도움을 줌 • 장내 세균의 구성 변화 및 대사 작용에 다양하게 관여함 • 소아 아토피피부염 예방에 활용됨
락토바실러스 파라카제이	• 설사 완화 등 장 연동 운동 정상화에 도움을 줌 • 알레르기성 비염 완화 및 헬리코박터 파일로리균 등의 증식을 억제함
락토바실러스 루테리	• 모유에서 발견된 균으로 항균물질을 형성해 유해균 억제에 도움을 줌 • 설사와 아토피 등 다양한 질환 관리에 도움이 된다는 논문이 많음 • 영유아 바이러스 감염으로 인한 설사 치료 기간 단축에 도움을 줌 • 충치를 유발하는 스트렙토코쿠스 무탄스균 증식 저해에 효과적임

균주	특징 및 기대효과
락토바실러스 불가리쿠스	• 이 균을 함유한 요구르트가 불가리아인 장수 비결로 알려지며 유명해짐 • 장에 정착하지 못하나 유당분해효소를 형성해 유당불내증에 도움을 줌 • 면역·항균물질을 형성해 변비와 설사 개선에 도움을 줌
락토바실러스 퍼멘텀	• 요도 감염을 개선해 여성 건강에 도움이 된다고 알려짐 • 콜레스테롤을 흡수해 세포 실험에서 지질 수치 감소가 확인됨
락토바실러스 가세리	• 모유 유래 유산균 • 소규모 임상 실험에서 알레르기 완화 효과가 확인됨
락토바실러스 살리바리우스	• 장내 세균 구성의 정상화에 기여한다고 알려짐 • 설사를 유발하는 대장균과 식중독의 원인인 살모넬라균 등의 성장을 저해함
락토바실러스 헬베티쿠스	• 치즈 제조 시 주로 사용됨 • 유해균의 번식과 대장의 염증 유발 억제에 효과가 좋다고 알려짐
비피도박테리움 롱검	• 건강한 아기의 장에 많은 유익균 • 항균물질을 형성해 설사와 알레르기 예방에 도움을 줄 수 있음 • 대장 장누수증후군 예방에 도움을 준다고 알려짐
비피도박테리움 비피덤	• 대장과 질벽에서 주로 발견되는 유익균 • 유해균 부착을 억제하고 항균물질을 생성해 유해균으로 인한 설사에 도움을 줌 • 급성설사와 대장균 감염 등을 예방하고 질내 항상성 유지에 도움을 줌
비피도박테리움 브레브	• 아기의 장에서 추출된 유익균 • 대장균을 억제하는 능력이 있어 세균성 설사에 도움을 줄 수 있음 • 대장 장누수증후군 예방 및 궤양성대장염 치료에 활용됨
비피도박테리움 (애니멀리스) 락티스	• 위산과 담즙에 잘 파괴되지 않아 장까지 생존력이 뛰어남 • 과민성장증후군 치료에 도움을 줌 • 면역세포의 활성과 항생제 관련 설사에 도움을 줄 수 있음

균주	특징 및 기대효과
스트렙토코쿠스 써모필러스	• 열에 강해 35~42도에서 잘 자랄 수 있음 • 유제품 안에 풍부하게 함유됨 • 유당 분해 능력이 있어 유당불내증 환자의 유제품 섭취에 도움을 줌
락토코쿠스 락티스	• 병원균 편모의 운동성을 저해함
엔테로코쿠스 패시움	• 사람과 동물의 장 안에서 공생하는 균으로 정상세균총 회복에 도움을 줌 • 유전자형에 따라 항생제 다제 내성의 원인이 되기도 하므로 프로바이오틱스 제품을 생산할 때 항생제 다제 내성이 없음을 증명하는 자료를 식품의약품안전처에 제출해야 함(2019년 규정 변경)
엔테로코쿠스 패갈리스	• 염기(pH 9.6) 등 극한 환경에서도 생존력이 뛰어남 • 섭씨 60도에서 30분간 생존함 • 유전자형에 따라 항생제 다제 내성의 원인이 되기도 함

[프로바이오틱스 19종의 특징 및 기대효과]

여성 건강 관리하기

종합 비타민·미네랄 제품은 성별로 중요한 영양소가 조금씩
달라 남성용과 여성용을 구분해 만들기도 합니다. 그런데 남성
용 없이 여성용 제품만 만드는 품목도 있습니다. 여성용 프로
바이오틱스가 대표적입니다. 프로바이오틱스가 건강 유지에
중요한 역할을 하는 이유를 보면 남녀 구분이 필요 없어 보이
는데, 왜 여성에게 프로바이오틱스를 강조하는 걸까요?

퇴근 시간이 다 되어가는 저녁 8시 무렵에 30대 여성이 찡
그린 얼굴로 약국에 들어왔습니다. 몇 달째 질염이 낫지 않아
동네 병원에서 시작된 항생제 치료가 3차 병원까지 이어졌다

며 답답한 마음을 토로합니다. 우리 약국에서 조제하지 않아 어떤 약을 처방받았는지 확인할 수 없어서 구체적인 상태를 판단하기는 어려웠습니다. 혹시 처방전을 보관하고 있는지 물으니 다음 날 챙겨 오겠다며 돌아갔습니다.

다음 날, 마찬가지로 늦은 저녁 시간에 그분이 다시 방문했습니다. 두 달 동안 받은 처방전 여러 장을 내밀며 어떻게 해야 하느냐고 묻습니다. 병원에서도 더 처방할 약이 없다는 답변을 들은 상태였습니다. 처방전을 보니 질염 치료에 활용할 수 있는 모든 제제가 이미 처방된 후였습니다. 진료한 담당 의사와의 대화 내용을 비롯해 약 복용 후 상태가 호전된 때가 있었는지, 재발은 언제 어떻게 이뤄졌는지 등을 확인했습니다. 그리고 프로바이오틱스 섭취와 생활습관 교정을 권했습니다.

2주 뒤 그분이 다시 방문했습니다. 그날의 조언과 프로바이오틱스 섭취로 전보다 편안하게 지내게 되었다며 고맙다고 인사를 건넵니다. 이분은 왜 만족했을까요?

질염은 한 종류가 아니다

'여성의 감기'라고 부를 만큼 많은 여성이 경험하는 질염은 한 종류가 아닙니다. 세균성질염, 칸디다질염, 트리코모나스질염의 세 가지로 나뉘며, 이름이 다른 만큼 원인균도 달라서 치료법 또한 다릅니다. 각 질염의 원인균과 특이 증상은 다음과 같습니다.

분류	원인균	특이 증상
세균성질염	Garnerella vaginalis Mycoplasma hominis Mobiluncus	• 누런색이나 회색의 질 분비물 • 생선 비린내가 남 • 생리 전후, 성관계 후 증상이 심해지기도 함 • 증상이 없는 경우도 있음
칸디다질염	Candida Albicans	• 점도가 높은 우유 찌꺼기 같은 분비물 • 외음부의 가려움, 작열감
트리코모나스질염	Trichomonas vaginalis	• 거품이 나는 노란색 혹은 녹색 분비물 • 냄새가 심하고 양이 많음 • 외음부의 가려움, 작열감

[질염의 원인균 및 특이 증상]

건강한 질은 pH 4.0~4.5의 산성 상태로 유지됩니다. 건강한 질은 질내에 서식하는 정상세균총인 락토바실러스균이 젖산을 분비하며 산성을 유지해서 혐기성 세균의 증식을 막아 감염을 예방합니다. 그래서 락토바실러스를 함유한 프로바이오틱스 제품이 여성의 질 건강 개선에 활용됩니다.

이런 락토바실러스의 작용이 가장 활발하게 연구된 질염이 세균성질염입니다. 질내에 정상적으로 서식하던 유익균이 한번 없어지면 자연스럽게 다시 자리 잡기가 어렵습니다. 그래서 세균성질염은 재발이 잦기 때문에 다양한 연구가 이뤄졌습니다. 칸디다질염은 원인과 양상이 세균성질염과 다르고 관련 연구 수도 적지만, 경험상 칸디다질염을 자주 앓는 여성이 프로바이오틱스를 섭취했을 때도 만족감이 높았습니다.

그러면 질염에 걸렸을 때 항생제 치료 대신 프로바이오틱스를 선택하는 것이 옳은 방법일까요? 그렇지는 않습니다.

항생제는 고유의 역할이 있다

항생제는 질염을 포함해 균 감염으로 인한 모든 염증을 빠르고 효과적으로 치료하는 좋은 약이지만 안타깝게도 아주 똑똑

하지는 않아서 병원균 외에 정상 균에게 미치는 영향 또한 피할 수 없습니다. 특히 장기간 항생제 복용 후 정상세균총 변화로 나타나는 다양한 문제점에 대한 연구는 인간 마이크로바이옴 프로젝트를 통해 더욱 주목받고 있습니다.

유익균이 유해균의 증식을 막지 못해 이미 유해균이 과도하게 늘어 감염이 진행된 상황이라면 프로바이오틱스는 옳은 선택이 아닙니다. 프로바이오틱스는 말 그대로 살아 있는 생균이기 때문에 유해균의 증식이 과한 상황에서는 오히려 유해균에 압도되어 유해균의 활동을 더 활성화할 수 있습니다. 그래서 설사가 매우 심할 때 프로바이오틱스를 섭취하면 오히려 설사가 더 심해지는 경험을 하기도 합니다. 그렇다면 프로바이오틱스는 왜 여성의 질 건강에 도움을 준다고 알려졌을까요?

프로바이오틱스가 여성의 질 건강에 도움을 주는 이유

찡그린 얼굴로 약국을 찾았던 30대 여성의 이야기로 돌아가

보겠습니다. 그분은 기존의 항생제 섭취 후 질염이 치료되었습니다. 하지만 질염을 반복적으로 앓아왔기에 약간의 전조 증상이 나타나 짜증 난 상태로 약국에 달려온 상황이었습니다. 마치 본격적으로 감기를 앓기 전에 코와 목이 간질간질한 느낌처럼 말이죠. 상담을 해보니 평소 일을 매우 열심히 하는 스타일로, 야간 근무로 피로가 쌓이면 질염을 앓는다고 했습니다. 지금도 약간 불안한데 병원에 가면 약 처방 후 별다른 말이 없어서 답답한 마음에 약국을 찾아왔다는 말도 덧붙였습니다.

이미 저녁 8시가 넘은 시간이라 병원을 가기도 어려웠고, 이야기를 들어보니 생활습관 개선으로 좋아질 수 있는 단계라고 판단되어 프로바이오틱스 섭취와 피로 관리를 제안했습니다. 그러나 만일 상담 과정에서 프로바이오틱스 섭취와 피로 관리로 회복이 어려운 단계라고 판단했다면 병원 진료를 권했을 것입니다. 이미 유해균이 많이 증식한 상태라면 일반의약품 질정을 사용하거나 항원충제(메트로니다졸 등) 같은 처방약을 복용하는 게 회복을 위해 꼭 필요하니까요.

반복적으로 질염을 앓는 여성이 매우 많지만, 안타깝게도 질내에 정상적으로 살고 있던 유익균이 사라지는 이유는 명확히 밝혀진 바가 없습니다. 다만 피로나 질내의 산성 환경을 저해하는 생활습관(질 깊숙한 곳까지 씻어내는 뒷물 등)이 관련되어 있다고 봅니다. 질의 정상세균총이 한번 망가지면 유익균이 다시 자리 잡기가 쉽지 않아서 질염의 재발이 잦습니다. 그래서 프로바이오틱스 섭취가 대안으로 제시됩니다.

프로바이오틱스 섭취가 여성의 질 건강에 도움을 주는 원리는 매우 단순합니다. 배변 시 항문을 통해 나온 유익균이 질로 이동해 정착하여 질의 정상세균총 회복에 도움을 주어서 여성의 질 건강 개선에 쓰입니다. 여성의 질 생태계는 살아 움직이기 때문에 유익균이 충분히 보존될 수 있도록 도와줘야 합니다. 잦은 질염을 앓는다면 지금이라도 자신의 생활습관을 점검해보세요.

질염 치료에 사용하는 약

질염 치료에 사용하는 약은 전문의약품과 일반의약품으로 나뉘는데, 일반의약품은 질에 직접 넣는 질정이고, 전문의약품은 질정과 경구용 항균제가 함께 쓰입니다. 성분은 다르지만 모두 과도하게 증식한 유해균을 없애고 증식을 막는 역할을 합니다. 일반의약품은 성분마다 효능·효과가 다르므로 자신의 증상을 약사에게 설명하고 상담한 뒤 제품을 선택하는 것이 좋습니다.

질염 치료제를 사용할 때는 다른 일반적인 균 감염 치료와 마찬가지로 정확한 사용법을 지켜야 합니다. 1~2회 사용 후 증상이 조금 나아질 수 있으나 사용 기간을 지키지 않으면 단기간 내 재발 위험이 크므로 정해진 기간을 지켜서 사용하는 것이 중요합니다. 처방받은 전문의약품 또한 정해진 복용 기간을 지켜야 유해균이 사라지고 유익균이 다시 자리 잡을 수 있습니다. 질정이나 질좌제는 질에서 녹아 약물이 효과를 발휘하기 때문에 취침 전에 질내 깊숙이 넣어 사용해야 합니다. 불가피하게 낮에 활동하면서 쓰는 분들도 있는데, 그러면 약이 제대로 된 효과를 발휘하지 못해 치료가 더뎌지거나 증상이 악화될 수도 있습니다.

다음은 대표적인 질염 치료 일반의약품과 전문의약품입니

다. 환자 상태에 따라 사용하는 약은 달라질 수 있습니다.

일반의약품(처방전 없이 약국에서 구매할 수 있는 약)		
제품명	성분명	효능·효과
지노베타딘질좌제	포비돈요오드	칸디다질염, 트리코모나스질염, 비특이성 및 혼합 감염에 의한 질염
카네스텐질정	클로트리마졸	칸디다질염
세나서트질정	9-아미노아크리딘운데실레네이트 염산N-미리스틸-3-히드록시부틸아민 메틸벤제토늄염화물수화물	트리코모나스질염, 칸디다질염, 비특이성 세균성질염, 혼합 감염에 의한 질염
전문의약품(처방전을 가지고 약국에서 조제하는 약)		
씨제이후라시닐정	메트로니다졸	트리코모나스질염, 부인과 감염증
크레오신질크림2%	클린다마이신	세균성질염
플루코나졸캡슐	플루코나졸	급성 또는 재발성 질칸디질염

[대표적인 질염 치료제]

수면 건강
관리하기

약국에서 건강 상담을 할 때 꼭 확인하는 부분이 있습니다. 최근에 식사는 잘하는지, 그리고 잠은 잘 자는지입니다. 아무리 좋은 영양제를 섭취하더라도 두 가지가 적절하게 유지되지 않으면 건강을 회복하기 어렵기 때문입니다. 특히 잠을 제대로 자지 않으면 면역력, 집중력, 우울감, 혈압과 혈당 등 다양한 기능에 영향을 주므로 더 신경 써서 확인합니다. 다음은 약국에서 자주 만나는 수면 건강 상담 사례입니다.

#1. 50대 여성이 갱년기 수면 장애로 수면제를 처방받았습니다. 수면제 복용 후 잠은 잘 자서 편안하긴 한데, 이거 계속

먹어도 괜찮은 거냐고 물어봅니다. 특별히 불편한 점이 있는지 여쭤보니 그렇지는 않은데 주변에서 계속 먹으면 머리 나빠진다고 먹지 말라고 했답니다. 그래서 현재 환자분이 수면장애로 겪는 건강 문제와 잘못 알고 계신 정보를 바로잡으며 단기간 수면제 복용의 유익한 점을 말씀드렸습니다. 그리고 복용 기간이 길어지는 것을 막기 위해 수면에 도움이 되는 다양한 생활습관 개선 노력을 병행할 수 있도록 조언해드렸습니다.

#2. 30대 여성이 약국에서 수면 관련 건강기능식품 광고를 보고 이 제품이 정말로 효과⁺가 있냐고 묻습니다. 요즘 잠을 잘 못 자는지 되물어보니 직업 특성상 3교대 근무를 하고 있는데 밤에 일한 뒤에는 잠들기가 힘들다고 합니다. 하지만 수면 시간이 짧지 않고 잠도 푹 자는 편이라 수면제를 처방받긴 그래서 건강기능식품을 한번 섭취해볼까 고민이라고 합니

⁺　'효능·효과'는 약의 기능 표현에 해당하는 용어로 건강기능식품을 설명할 때는 쓸 수 없습니다. 그러나 서문에서 밝힌 바와 같이 독자의 이해를 돕기 위해 소비자가 쓰는 '효과'라는 말을 사용해 설명하겠습니다.

다. 그래서 건강기능식품의 인체 적용 시험 결과가 표시된 광고물을 보여주며 섭취 후 도움이 될 수 있는 점을 짚어드렸습니다.

24시간 불 밝히는 한국

<어서 와, 한국은 처음이지>(MBC 에브리원), <서울메이트>(tvN) 등 외국인들이 한국 문화를 체험하는 TV 프로그램에 자주 등장하는 장면이 있습니다. 바로 24시간 배달 시스템에 감탄하는 외국인들의 모습입니다. 배달뿐 아니라 편의점, 음식점, 카페 등 한국의 24시간 영업 문화는 외국인들에게 생소하면서도 재미있어하는 대표적 한국 문화 중 하나입니다. 한국인들은 24시간이 모자라도록 아낌없이 참 열심히 살고 있습니다. 그러나 한편으로는 잠을 줄이면서까지 열심히 사는 부지런함이 우려의 대상이 되기도 합니다. 각종 수치와 자료에서 드러나는 수면의 중요성이 우리에게 경종을 울리고 있기 때문입니다.

잠 못 들어 고통받는 사람들

2016년 경제협력개발기구OECD 조사에서 한국인의 하루 평균 수면 시간은 7시간 41분으로 OECD 회원국 중 최하위를 기록했습니다. OECD 평균인 8시간 22분보다 41분이나 적어 꽤 큰 차이를 보였습니다.

국가	평균 수면 시간
일본	7시간 22분
한국	7시간 41분
멕시코	7시간 59분
노르웨이	8시간 22분
독일	8시간 18분
26개국 평균	8시간 22분
영국	8시간 28분
프랑스	8시간 33분
이탈리아	8시간 33분
스페인	8시간 36분
그리스	8시간 38분
캐나다	8시간 40분
미국	8시간 45분
터키	8시간 50분
중국	9시간 2분
남아프리카공화국	9시간 13분

출처: OECD(2016)

[OECD 국가별 평균 수면 시간]

그런데 주변 사람들과 이에 대해 이야기해보면, 대부분 평균 수면 시간이 7시간 41분보다 짧아서 통계 자료에 코웃음을 칩니다. 이런 현실을 반영하듯 2017년 7월 한국갤럽이 전국 성인 1004명을 조사한 결과, 평균 수면 시간은 2016년 OECD 통계보다 무려 1시간 17분이나 짧은 6시간 24분으로 나타났습니다. 이는 한국갤럽의 5년 전 설문 조사 결과인 6시간 53분보다 29분이 줄어든 결과로, 한국인의 수면 상태가 더욱 나빠졌음을 보여주는 지표입니다.

한국인의 수면 현실을 보여주는 또 다른 자료는 건강보험심사평가원에서 발표한 수면 장애 진료 환자 수의 추이입니다. 2015년 45만 6124명에서 2017년 51만 5326명으로 계속 증가하고 있는데, 국가에서도 이런 상황의 문제점을 눈치챈 걸까요? 2018년 7월부터 수면 장애의 포괄적 원인을 분석하는 수면다원검사*가 건강보험을 적용받게 되었습니다. 수면 장애는 단

✚   수면 장애의 원인과 치료법을 찾기 위한 검사로, 보통 검사센터에서 하룻밤을 자면서 뇌파 검사, 눈 움직임을 보기 위한 안전도 검사, 근전도 검사, 심전도 검사, 전체 상태 관찰을 위한 비디오 촬영 등을 시행해 포괄적으로 수면 장애의 원인을 판단합니다.

출처: 건강보험심사평가원

[수면 장애 진료 인원]

순히 잠을 푹 자지 못하는 데서 끝나는 문제가 아니라 2차적인 건강 문제와 사회 문제를 야기하는 무서운 '질환'이기 때문입니다.

잠을 잘 자지 못하면 일어나는 일

어젯밤에 업무가 늦게 끝나서 다섯 시간밖에 못 잤다면 오늘 내내 몸이 무겁고 눈이 아프고 집중력이 떨어져서 일을 제대로 하기가 힘들 것입니다. 잠을 잘 자지 못한 다음 날 쉽게 경험하는 불편입니다. 이런 상태가 운전을 생업으로 하는 사람들에게 자주 나타난다면 생명까지 위협할 수 있습니다.

잠을 잘 자지 못했을 때 나타나는 또 다른 단기적 증상은 혈압과 혈당이 높아지는 것입니다. 따라서 고혈압과 당뇨병으로 약물을 복용하는 환자들은 수면 상태가 나빠지면 혈압과 혈당 조절이 잘되지 않아 2차 합병증의 위험이 커집니다. 이럴 때는 수면제를 복용해 수면 상태를 개선하지 않으면 건강을 유지하기 어렵습니다. 장기적으로 봐도 잠을 잘 자지 못하면 건강했던 사람이 고혈압 같은 심혈관계질환이나 당뇨병, 비만 같은 대사증후군을 앓게 될 가능성이 커집니다. 당연히 면역력도 약해져서 감기 같은 감염질환에 자주 걸리거나 염증질환이 잘 낫지 않습니다. 또한 수면 장애는 성인, 아이 할 것 없이 늘어나는 주의력결핍행동장애ADHD의 원인으로도 꼽힙니다.

잠을 잘 자지 못했을 때 우리에게 일어나는 일은 정신적·신체적으로 삶의 질 전반에 영향을 줍니다. 그러면 자고 싶은 만큼 자면 다 해결될까요?

사람마다 다른 적정 수면 시간

성공한 사람들의 이야기를 들으면 적게 자고도 일상생활이나 업무에 지장 없는 사람이 참 많아 보입니다. 몇 년 전만 해도 '의지'를 가지고 수면 시간을 줄여 자기계발을 하는 '아침형 인간'이 강조되었는데, 요즘은 반대입니다. 갈수록 나빠지는 현대인의 수면 상태를 개선하기 위해 《수면 혁명》《스탠퍼드식 최고의 수면법》처럼 건강한 수면을 주제로 하는 책들도 출간되고 수면의 중요성에 대한 이야기도 늘어나고 있습니다. 이런 흐름은 수면 연구 데이터가 축적되고 수면이 건강에 미치는 영향에 대한 이해의 폭이 확장되면서 더욱 강화되고 있습니다. 이 과정에서 밝혀진 재미있는 사실은 '사람마다 타고난 적정 수면 시간에 차이가 있다'는 점입니다.

의학자들은 전체 인구의 약 4%는 4~5시간(6시간으로 구분하는 자료도 있습니다) 이하로 잠을 자도 다음 날 일상생활에 전혀 지장을 받지 않고 건강에 문제도 없는 '쇼트 슬리퍼short sleeper'라고 말합니다. 반대로 전체 인구의 약 2~3%는 하루에 10시간 이상 자야 일상생활을 유지할 수 있는 '롱 슬리퍼long sleeper'

입니다. 물론 갑상선 기능 저하증, 기면증 같은 특정 질환으로 수면 시간이 늘어난 사람은 명확한 진단과 치료가 필요한 환자로, 롱 슬리퍼로 구분하지 않습니다. 이때 '쇼트'와 '롱'을 구분하는 기준은 '자고 싶은 만큼 자고 자연스럽게 눈이 떠져서 일어나는 시간'이 아니라 낮에 졸지 않고 업무와 생활에 집중할 수 있는 자신만의 수면 시간, 즉 사람마다 다른 '적정 수면 시간'입니다. 지금까지 밝혀진 바에 따르면, 자신에게 필요한 수면 시간 이상으로 너무 많이 자도 비만, 우울증, 심장마비 등 심각한 건강 문제가 나타날 위험이 크기 때문입니다.

계속 커지는 수면 건강 시장

적정 수면 시간을 지키기 위해 출근 시간을 조정하거나 일상생활을 내 마음대로 자유롭게 관리하면 좋으련만, 그게 쉽지 않습니다. 아이를 키울 때는 아이의 생활 방식에 맞춰 잠을 줄이고, 일할 때는 회사의 일정에 맞춰 잠을 조절해야 하는 현실에서 잠을 우선순위에 두고 내 하루를 관리하기란 사실상 불

가능합니다. 그래서 대신 '수면의 질'을 높여 숙면을 취하게 해주는 여러 방법이 주목받고 있습니다.

바쁜 현대인이 숙면을 위한 방안에 많은 돈을 지불하면서 성장하고 있는 숙면 관련 산업을 일컬어 '슬리포노믹스Sleeponomics'라고 합니다. 슬리포노믹스는 침대 매트리스, 이불, 베개 등의 침구류처럼 전통적으로 잠과 연관된 상품 외에도 정보통신, 사물인터넷IoT, 빅데이터 등으로 수면 상태를 분석해 숙면을 도와주는 '슬립테크Sleeptech', 숙면에 도움을 주는 화장품과 향료, 잠이 잘 드는 방법을 연구하고 컨설팅하는 수면환경관리사 등 다양한 영역으로 확장되고 있습니다. 이 중 온라인 시장을 중심으로 빠르게 확산하고 있는 상품이 바로 수면영양제로 불리는 수면 관련 건강기능식품입니다.

수면 건강기능식품을 선택하는 이유

슬리포노믹스의 성장 가운데 수면 관련 건강기능식품이 주목받는 이유는 크게 두 가지입니다. 첫째, 간단히 섭취하기만 하면 되는 건강기능식품은 앞서 나열한 다른 여러 방식에 비해 수면 문제를 간편하게 해결할 수 있다는 장점이 있습니다. 또 매트리스나 침구류는 가격대가 저렴하지 않아서 한번 바꾼 후 효과가 없을 때 버려지는 기회비용이 높은 반면, 건강기능식품은 섭취 후 효과가 나지 않더라도 저렴한 가격으로 쉽게 바꿀 수 있다는 점도 큰 장점입니다.

둘째, 수면제를 복용하고 싶지 않은 마음입니다. 얼마 전 연예인이 수면제를 처방전 없이 매수해 투약한 혐의가 알려진 뒤로 TV 드라마 등에서 수면제 중독에 관한 이야기가 더 자주 나오는 듯합니다. 수면제가 중독과 내성의 위험이 있고 기억력 감퇴 등의 이상반응이 있는 것은 맞지만 이런 사회적 영향으로 본연의 기능까지 평가 절하되어서 약국에서 복약지도를 하다 보면 수면제 복용에 대한 거부감을 많이 마주칩니다.

미디어에서 보여주는 모습과 달리 수면제는 정해진 용법대로 단기간 사용하면 수면 부족으로 발생하는 건강상 문제를 예방하고 만성질환자의 합병증 관리에도 도움을 주는 중요한 약입니다. 특히 만성적인 불면증으로 두 종류 이상의 약을 복용하는 환자에게 수면제는 단순히 일상생활의 편안함을 넘어

삶을 유지하는 데 중요한 역할을 합니다. 그런데 의사나 약사가 아니라면 현재 환자가 복용하는 수면 관련 약이 환자의 건강에 미치는 영향을 정확히 판단하기 어렵습니다. 고혈압약, 당뇨약, 콜레스테롤약 등 모든 약에 해당하는 이야기이긴 하지만, 수면제는 더욱 그렇습니다. 수면제는 복용 중단 시 환자가 겪는 불편함과 건강에 끼치는 영향이 워낙 광범위하고, 임의로 중단할 경우 반동성 불면증이 생기는 일도 많아 복용 관리에 더욱 신경 써야 하기 때문입니다.

그런데 수면제를 복용하는 사람이나 복용하지 않는 사람 모두 수면제 대신 숙면을 위한 다른 방법을 찾습니다. 수면제를 처음 처방받은 환자들이 복약지도 시 묻는 대표적 질문이 "이거 꼭 먹어야 하나요?"일 정도로 수면제에 대한 거부감이 크기 때문입니다. 고혈압이나 당뇨병을 앓는 사람들이 좋은 음식을 섭취하듯 건강기능식품을 활용하는 것처럼 수면제와 수면 관련 건강기능식품의 관계도 마찬가지입니다. 개인차는 있지만 수면제는 장기간 복용하면 내성이 생겨 약의 용량을 높여야 하는 순간이 발생합니다. 이럴 때 적절하게 수면 관련 건강기능식품을 활용하면 장기적인 수면 건강 관리에 도움을 받을 수 있습니다. 혹은 다수의 수면제가 수면 시간은 연장해주지만 수면의 질은 높이지 못하므로 비타민, 미네랄을 함께 섭취하면 수면의 질이 개선되어 도움을 받을 수 있습니다. 현재 본인이 복용하는 수면제와 건강기능식품을 함께 섭취해도 안전하고 효과가 있는지는 전문가와 상담해보시길 권합니다. 아직 수면제 복용을 시작하지 않았다면 다각도로 건강기능식품을 활용할 수 있습니다.

국내에서 수면 건강 관련 기능성을 인정받은 건강기능식품 원료는 미강주정추출물과 감태추출물, 두 가지입니다. 그리고 수면 건강 관련 기능성이 명시되지는 않았지만 스트레스를 완화해 수면 건강 관리에 도움을 주는 테아닌, '천연의 진정제'라는 별명으로 수면에 긍정적 영향을 주는 칼슘, 마그네슘이 사용되기도 합니다.

어? 수면 건강에 관심 많은 사람에게 가장 유명한 멜라토닌이 빠졌습니다. 멜라토닌은 국내외 관리 규정이 달라 국내에서는 처방을 받아야만 살 수 있는 전문의약품으로 분류되어 있습니다. 전문의약품으로 분류되면 해당 성분을 함유한 해외 직구 제품의 통관이 금지되어 살 수 없는데, 멜라토닌도 현재 그런 상황입니다. 해외에서 젤리, 차, 가루, 캡슐 등 다양한 형태로 살 수 있는 멜라토닌이 국내에서는 왜 전문의약품으로 분류되어 있을까요?

수면을 유도하는 호르몬, 멜라토닌: 모두에게 효과가 나타나지는 않는다

멜라토닌은 뇌의 송과선(뇌 속의 시상하부에 위치한 내분비기관)에서 분비되는 호르몬으로, 사람의 수면-각성 리듬과 생체 리듬을 조절해 수면을 유도합니다. 우리 몸은 낮과 밤의 빛을 감지해 눈으로 들어오는 빛의 양이 줄어들면 멜라토닌을 분비합니다. 그래서 잠을 자야 할 시간에 환한 불빛은 수면을 방해하므로 불면증이 심하거나 주야간 교대근무를 하는 사람들은 수면을 위해 암막 커튼 등으로 빛을 차단하기도 합니다. 멜라토닌은 하루 동안 변하는 빛의 양뿐 아니라 나이에 따라서도 분비량이 변하면서 수면 시작 시간 및 수면의 양에 영향을 줍니다. 2018년 신경과학 학술지인 《네이처 리뷰 뉴로사이언스Nature

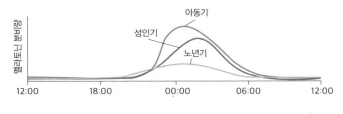

[나이 및 시간에 따른 멜라토닌 분비량]

Reviews Neuroscience》에 발표된 생애주기별 일주기 리듬에 관한 논문을 보면, 나이 및 시간에 따른 멜라토닌 분비량 변화와 수면의 관계를 보기 쉽게 정리해 놓았습니다.

이런 특성을 정확히 반영한 걸까요? 국내에서 허가된 멜라토닌 전문의약품 '서카틴서방정'의 효능·효과는 '수면의 질이 저하된 55세 이상 불면증 환자의 단기 치료'로 명시되어 있습니다. 이 약은 의사 판단으로 시차 적응, 교대근무 등으로 생체 리듬이 깨진 환자에게 활용되기도 합니다. 특히 멜라토닌은 반감기가 20~50분으로 짧아 수면 유지 시간이 짧다는 단점 때문에 국내에 시판된 제품은 약 성분이 천천히 방출되며 효과를 유지하는 '서방형' 제제로 만들어졌습니다. 기존 수면제가 뇌에서 수면 진정 작용을 하는 수용체에 결합해 강한 효과를 나타내던 것과 달리 체내 멜라토닌처럼 자연적으로 수면을 유도해 정상적인 수면 패턴 회복에 도움을 줍니다.

그동안 멜라토닌은 해외 출장이 많거나 해외 직구에 익숙한 젊은 층이 많이 섭취했습니다. 멜라토닌의 짧은 반감기, 호르몬의 특성 등으로 만족할 만한 효과를 기대하기 어려움에도 수면제를 대체할 수면 건강 제품을 찾는 젊은 소비자에게 별다른 선택지가 없었습니다. 이런 상황에서 새롭게 허가된 국내 수면 관련 건강기능식품 소재는 수면장애 환자의 증가와 더불어 많은 이의 관심을 받고 있습니다. 관심이 커지는 만큼 마케팅 요소로 과장되는 이야기도 많은데, 어렵게 개발된 만큼 수면 관련 건강기능식품이 정확한 정보를 바탕으로 제대로 활용되길 기대해봅니다.

건강기능식품으로 수면 관리하기 1: 미강주정추출물과 감태추출물

가장 최근에 수면 건강 관련 기능성을 인정받은 원료는 미강주정추출물입니다. 정확한 기능성 문구는 '수면에 도움을 줄 수 있음'으로, 기존의 수면 관련 건강기능식품으로 판매량이 높은 감태추출물의 '수면의 질 개선에 도움을 줄 수 있음'과는 다소 포인트가 다릅니다. 미강주정추출물의 미강은 쌀을 도정할 때 나오는 쌀겨를 말합니다. 미강에는 감마오리자놀을 비롯한 베타시토스테롤, 캄페스테롤 등 다양한 항산화 성분이 풍부해 주로 화장품에 많이 활용됩니다. 국내에서 소비되는 다양한 식품의 기능성을 연구하는 한국식품연구원에서는 수면 건강에 도움을 줄 수 있는 국내 소재 개발에 힘쓰던 중 감태추출물에 이어 미강주정추출물을 발견했습니다. 참고로, 감태는 제주도 앞바다에서 자라는 미역과의 해조류입니다. 두 원료의 기능성이 조금 다른 이유는 두 원료의 인체 적용 시험 결

원료	인체 적용 시험 결과
미강주정추출물	수면 효율 유의적 증가, 수면 입면 시간 감소, 총 수면 시간 증가, 비렘수면 중 2단계 수면 유의적 개선, 델타파 증가 (18세 이상 성인남녀 50명. 2주 섭취 후 수면다원검사)
감태추출물	총 각성지수 감소, 잠든 후 각성 시간 감소, 수면 중 호흡 장애 지수 감소 (20세 이상 성인남녀 24명. 1주 섭취 후 수면다원검사)

[미강주정추출물과 감태추출물의 인체 적용 시험 결과]

과를 비교해보면 알 수 있습니다.

감태추출물은 주로 자다 깨거나 호흡 장애로 수면이 질이 나빠진 사람들에게서 좋은 결과를 보였습니다. 한편 미강주정추출물은 수면의 질뿐 아니라 수면 장애의 대표 증상인 입면의 불편함과 부족한 수면 시간을 개선한 결과를 얻어 '수면에 도움을 줄 수 있음'이라는 기능성을 인정받을 수 있었습니다. 미강주정추출물의 인체 적용 시험 결과에서 수면의 질 개선을 확인할 수 있는 부분은 '델타파 증가'입니다.

수면은 크게 렘REM수면과 논렘NREM수면으로 구분합니다. 렘수면은 성인의 전체 수면 시간 중 20~25%로, 수면 중 빠른 안구 운동Rapid Eye Movement이 일어나기 때문에 붙여진 이름입니다. 렘수면은 심장 박동 수 변화 등 생리적 반응은 깨어 있을 때와 비슷하나 근육의 긴장도가 매우 감소한 수면 초입 단계를 말합니다.

논렘수면은 수면 중 안구 운동이 실질적으로 없는 단계로, 비렘수면이라고도 합니다. 심장 박동 수와 호흡이 렘수면보다 많이 감소해 깊은 수면에 빠진 상태로, 뇌파 및 생리적 반응의 특징에 따라 네 단계로 나눕니다. 1단계는 우리가 졸릴 때 꾸

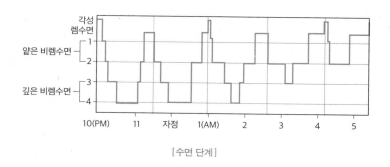

[수면 단계]

벅꾸벅 조는 것처럼 얕은 잠에 빠진 단계로, 느리지만 좌우로
안구 운동이 일어납니다. 아직 깊은 잠에 빠지지 않아 주위의
소리를 약간 의식하기 때문에 자극을 주면 쉽게 깨어납니다.
2단계는 뇌파 속도가 매우 감소해 강한 자극이 아니라면 깨우
기 어려운 수면 상태를 말하며, 논렘수면의 45~55%로 가장
많은 부분을 차지합니다. 3~4단계는 가장 깊은 수면에 빠진
상태로, 델타파라는 특징적인 뇌파가 증가합니다. 이때를 서
파수면徐波睡眠 혹은 깊은 수면이라고 하는데, 서파수면은 어린
아이들이 가장 길고 60세 이후에는 크게 감소하는 것으로 알
려져 있습니다.

엎친 데 덮친 격으로 수면 중 각성의 양은 나이가 들수록 증

가합니다. 나이가 들면 멜라토닌 합성량이 줄어들어 잠자는 게 힘들어지고, 수면 단계에서도 변화가 나타나다 보니 여러모로 수면에 어려움을 겪게 됩니다. 이런 상황이 길어지면 건망증이나 기억력 감퇴, 면역력 약화 등 다양한 건강 문제를 일으키므로 수면제 복용이나 수면 관련 건강기능식품 섭취, 수면위생 관리 등의 적절한 노력이 필요합니다.

미강주정추출물의 인체 적용 시험 결과에서 '비렘수면 중 2단계 수면 유의적 개선, 델타파 증가'가 확인된 부분은 실질적인 수면 개선에 도움을 준 것으로 평가됩니다. 특히 델타파 증가는 서파수면의 증가를 확인한 것으로, 수면의 질 개선과 연관성이 큽니다. 미강주정추출물은 2019년에야 식품으로 제품화되기 시작했지만, 인정받은 기능성이나 인체 적용 시험 결과 면에서 커다란 기대를 한 몸에 받고 있는 원료입니다. 감태추출물이나 미강주정추출물은 수면에 직접 도움을 주는 기능성을 인정받은 만큼 섭취 후 졸음이 올 수 있어 운전하기 전이나 집중력이 필요한 업무를 수행하기 전에는 섭취를 주의해야 합니다.

건강기능식품으로 수면 관리하기 2: 테아닌

테아닌이 식약처에서 인정받은 기능성은 '스트레스로 인한 긴장 완화에 도움을 줄 수 있음'입니다. 그런데 왜 수면 관련 건강기능식품에서 테아닌을 이야기하는 걸까요? 테아닌을 섭취했을 때 늘어나는 뇌파인 '알파파'의 특성 때문에 오랫동안 수면에 도움이 되는 음료나 건강기능식품에 활용되어왔기 때문입니다. 미강주정추출물이나 감태추출물이 출시되기 전 약국에서 수면 장애 상담을 할 때 좋은 평가를 받았던 원료이기도 합니다.

테아닌은 녹차에서 발견한 아미노산의 일종으로, 뇌 신경전달물질을 조절해 알파파를 늘리고, 알파파가 신경계를 안정시켜 긴장을 완화하는 것으로 알려져 있습니다. 그래서 스트레스가 심할 때마다 두통, 가슴 두근거림, 불면 등의 불편 증상을 호소하는 고객들에게 테아닌을 추천하면 만족도가 꽤 높았습니다.

테아닌이 불면에 도움을 주는 이유는 우리가 깨어 있는 상태에서 렘수면으로 빠지기 전, 약간 늘어지고 졸린 상태에서 증가하는 뇌파가 바로 알파파이기 때문입니다. 그런데 알파파는 우리가 좋아하는 일에 몰두하여 집중할 때도 증가합니다. 그래서 미강주정추출물이나 감태추출물처럼 테아닌은 섭취한다고 바로 잠이 오지는 않습니다. 만일 테아닌을 수면 건강용으로 섭취한다면 잠들기 30분에서 한 시간 전에 섭취하고 잠자리에 들어야 좋은 결과를 얻을 수 있습니다. 이런 행동을 '수면위생'이라고 하는데, 잠을 잘 자기 위해 지켜야 하는 생활습관을 의미합니다. 다른 수면 관련 건강기능식품도 수면위생을 제대로 지키지 않으면 섭취 후 만족도도 낮고, 드물긴 하지만 두통과 같은 불편 증상이 발생할 수 있으니 섭취법을 꼭 지키기 바랍니다.

건강기능식품으로 수면 관리하기 3: 칼슘과 마그네슘

칼슘과 마그네슘은 식약처에서 공식적으로 수면이나 스트레스 관련 기능성을 인정받지 않았습니다. 그러나 지금까지 알려진 칼슘과 마그네슘의 생리적 기능, 상담 현장에서 수면에 어려움을 겪는 사람들이 섭취 후 들려준 피드백, 전 세계적으로 수면 건강 개선에 활용하는 대표적 미네랄인 점을 감안해 간단히 소개하고자 합니다.

칼슘과 마그네슘은 수면을 유도하는 호르몬인 멜라토닌 합성에 필요하고, 수면 단계의 생리적 변화인 근육 이완 작용에 필수적인 미네랄입니다. 또한 스트레스 상황에서 체내 소모량이 높아지기 때문에 '항스트레스 미네랄'이라는 별명도 있습니다. 이런 생리적 역할 덕분에 칼슘과 마그네슘은 보충제로 섭취했을 때 수면에 도움을 주는 것으로 알려져 있습니다.

두 미네랄의 생리적 역할이 매우 다양하고 흡수되는 과정에서 서로 영향을 주기 때문에 수면 건강 관리용으로 선택한다면 두 미네랄을 함께 섭취하길 권합니다. 소화기 장애, 잦은 음주와 스트레스가 마그네슘 소모량을 늘리기 때문에 마그네슘만 보충해도 수면 문제가 해결되기도 하지만, 국민건강영양조사에서 매번 대표적 섭취 부족 영양소로 뽑히는 칼슘을 함께 보충한다면 더 많은 건강상 이점을 얻을 수 있습니다. 하지만 칼슘과 마그네슘은 많이 섭취하면 오히려 독이 될 수도 있으므로 여러 가지 건강기능식품을 섭취하고 있다면 자신이 이용하는 제품의 함량을 꼭 전문가에게 확인하기 바랍니다.

건강기능식품으로 효과가 없다면
정확한 원인을 찾아라

수면 장애는 잠들기 어렵거나(입면 장애) 잠은 들지만 수면 중 자주 깨거나 새벽에 너무 일찍 깨는 등의 불면증부터 충분한 수면을 취하고 있음에도 낮 동안에 각성을 유지하지 못하는 상태를 포괄적으로 일컫습니다. 수면 장애는 하지불안증후군[+], 수면무호흡증[++] 같은 질환 때문에 나타나기도 합니다. 그러

[+]　주로 잠들기 전에 다리에 불편한 느낌이 심해 다리를 움직이게 되면서 수면에 방해를 받는 질환으로, 다리를 움직이지 않으면 심해지고 움직이면 정상으로 돌아오는 것이 특징이라 낮보다 주로 밤에 발생합니다.
[++]　수면 중 상기도의 반복적 폐쇄로 호흡이 멈추거나 감소해 수면 중 자주 깨는 수면 호흡 장애로 심한 코골이, 지나친 주간 졸음 등의 증상이 나타나며 인지 장애, 업무 수행 능력 감소, 삶의 질 저하, 심혈관계질환 및 당 대사 이상 등 다양한 질환의 원인이 되기도 합니다.

면 수면을 돕는 건강기능식품 섭취로 수면을 유도하는 과정에서 가슴 두근거림이나 수면 장애가 더 심해지기도 하므로, 특정 원인 질환으로 수면 장애를 앓고 있다면 병원에서의 정확한 진단과 치료가 필요합니다.

혹은 집안의 우환이나 심한 스트레스로 체력이 매우 저하되어 있다면 녹용, 홍삼처럼 흔히 '보약'이라고 하는 제품이나 불안, 초조 등의 증상을 가라앉혀 불면증을 해소하는 '천왕보심단'(일반의약품으로 약국에서 처방전 없이 구매 가능)이 수면에 도움을 주기도 합니다. 약국에서 이런 제품을 추천하는 기준은 약사가 고객 상담 과정에서 듣는 고객의 불편 증상에 따라 달라집니다. 이처럼 수면 장애는 다양한 원인으로 나타날 수 있는 만큼 건강기능식품 섭취 후에도 특별한 변화를 느끼지 못했다면 오프라인에서 전문가와 본인의 상태를 점검하고 해결책을 찾는 방법을 추천합니다.

부록

건강기능식품
제품 설명서 읽는 법

건강기능식품은 일상적인 식사에서 결핍되기 쉬운 영양소나 인체에 유용한 기능을 가진 원료 또는 성분(이하 기능성 원료)을 섭취하기 편한 형태로 제조한 식품입니다. 그래서 일반 식품과 마찬가지로 소비자가 쉽게 확인할 수 있도록 제품에 관한 모든 정보가 제품의 라벨이나 포장에 표시되어 있습니다. 라벨이나 포장에는 제품에 대한 다양한 정보가 담겨 있으므로 제대로 읽기만 하면 대부분의 궁금증을 해소할 수 있습니다.

1. 제품의 이름과 주성분, 특징

- 제품의 라벨이나 포장에 가장 크게 표시되는 것은 제품의 이름입니다. 또한 '영양·기능 정보'에 표시되는 주원료와 제품의 총 무게(중량), 1캡슐·정·포당 무게(중량), 포장 단위에 들어 있는 수량 등이 표기됩니다. 위의 예시는 캡슐 형태의 제품임을 라벨에서 확인할 수 있습니다.

- 가끔 제품 낱개(1캡슐, 1정, 1포 등)의 무게(위의 예시에서는 '700mg')를 주원료의 함량으로 착각하는 사람도 있습니다. 제품을 생산할 때는 캡슐, 정제, 가루 등의 제형과 주성분 함량의 안정성을 유지하기 위해 다양한 부형제와 주원료 기능

에 도움을 주는 부원료를 활용합니다. 낱개의 무게에는 주성분 함량에 더해 부형제와 부원료 함량이 포함됩니다.

– 부원료는 '영양·기능 정보'에 표시되지 않지만 '원료명 및 함량'에 표시되는 다양한 성분을 말합니다. 간혹 부원료를 제품 라벨이나 포장 앞에 별도로 크게 표기하기도 하는데, 이런 방식은 광고 심의 규정에 어긋나므로 주의해야 합니다.

2. 건강기능식품 및 GMP 표시 기준

– 건강기능식품은 제품 라벨이나 포장 전면에 '건강기능식품'이라고 명시해야 합니다. 이 표시가 없는 제품은 건강기능식품이 아닙니다.

- 국내에서 생산한 제품은 제조 공장이 우수건강기능식품 제조기준GMP, Good Manufacturing Practice을 통과한 업체라면 'GMP' 표시를 할 수 있습니다. 단, 건강기능식품 제조와 판매를 동시에 하는 업체라면 GMP 인증이 없어도 그 공장에서 제품을 생산하여 판매할 수 있습니다. GMP 표시가 없다고 나쁜 게 아니라 제조와 판매를 한 회사에서 관리하는 업체와 그렇지 않은 업체에 대한 법적 규제가 다르기 때문입니다. 제품 라벨에 '제조원'과 '유통전문판매원'이 별도로 표시된 유통전문판매업 전문 회사는 반드시 GMP 인증을 받은 공장에서 제품을 생산해야 합니다.

- 해외에서 생산한 제품은 GMP 표시를 할 수 없습니다. 해외 제조사의 제조 및 품질 관리는 해당 국가나 FDA 기준을 따릅니다. 건강기능식품에 표시되는 GMP는 식약처에서 국내 제조업체를 대상으로 인증하는 국내 관리 기준 규격이므로, 해외 제조사는 이에 해당되지 않습니다. 그래서 해외 제조 후 수입·유통하는 회사에서는 각 해외 제조사의 제조 및 품질 관리 기준을 별도로 확인한 뒤 사업을 시작합니다. 해외

제조사의 제조 및 품질 관리 기준에 관한 내용은 수입·유통
회사의 홈페이지 같은 마케팅 채널을 통해 소비자에게 공개
할 수 있지만, GMP처럼 소비자가 인식하기 쉬운 방식으로
제품 라벨이나 포장에 표시할 수는 없습니다.

3. 영양·기능 정보: 주원료와 부원료

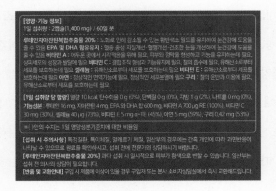

- '영양·기능 정보'에는 제품에 함유된 주원료들의 기능성과
  1일 섭취량의 주원료 함량이 표시됩니다. 참고로 '원료명 및
  함량'에 적혀 있지만 여기에 표시되지 않은 성분은 '부원료'
  로 구분합니다.

- '영양·기능 정보'에서 눈여겨볼 점은 1캡슐 혹은 1정이 아닌 1일 섭취량당 각 성분의 함량입니다. 하루에 1캡슐 혹은 1정을 섭취하는 제품이라면 알아보기 쉽지만, 하루 섭취량이 2정 이상이라면 1캡슐 혹은 1정의 성분량은 달라집니다.

- '영양·기능 정보'는 제품 섭취 시 얻을 수 있는 각 성분의 건강상 효과를 표시합니다. 회사마다 제품에 다르게 표시하면 과대광고의 위험이 커서 모든 건강기능식품은 정해진 문구의 영양·기능 정보만 표시할 수 있습니다. 앞서 설명했듯이 여기에 적혀 있지 않은 부원료는 제품 라벨이나 포장 앞부분에 표시할 수 없습니다. 대신 옆면이나 뒷면에는 정해진 규정에 따라 별도의 광고 문구를 삽입할 수 있습니다.

4. 원료명 및 함량

[원료명 및 함량] EPA 및 DHA 함유유지{노르웨이산/정제어유, d-토코페롤(혼합형)}, 루테인지아잔틴복합추출물 20%(멕시코산/홍화씨유, 루테인추출물, 지아잔틴추출물), 비타민 C, 건조효모(셀렌/캐나다산), d-α-토코페롤, 산화아연, 비타민 A 혼합제제(레티닐팔미트산염, 땅콩오일, dl-α-토코페롤), 황산동, 밀납
[캡슐기제] 젤라틴(우피), 글리세린, D -소비톨액, 카카오색소 땅콩, 대두, 고등어, 쇠고기 함유

- '원료명 및 함량'에는 제품에 들어 있는 모든 원료가 표시됩니다. 제품에 함유된 모든 원료가 궁금하다면 이 부분을 자세히 보면 됩니다.

- '원료명 및 함량'에는 표시되어 있으나 '영양·기능 정보'에 없는 것을 부원료라고 합니다. 부원료는 일반적으로 향이나 맛을 개선하는 재료 혹은 주원료의 기능에 도움을 주는 원료로, 제품 섭취 시 소비자 만족도를 높이기 위해 추가합니다. 함량은 보통 주원료만 '영양·기능 정보'에 표시하는데, 부원료의 함량을 강조하고 싶다면 부원료를 포함한 모든 원료의

함량을 함께 적어야 합니다.

– 소비자의 이해를 돕기 위해 캡슐을 만드는 데 사용하는 재료는 '캡슐기제'로 별도 표시합니다. 알레르기 유발 위험이 있는 성분 또한 소비자가 알아보기 쉽도록 박스 안에 표시합니다.

5. 알레르기 주의 문구

> · 이 제품은 알레르기 발생 가능성이 있는 알류(가금류), 우유, 메밀, 밀, 게, 새우, 돼지고기, 복숭아, 토마토, 호두, 닭고기, 오징어, 조개류(굴,전복, 홍합 포함), 잣을 사용한 제품과 같은 제조시설에서 제조하고 있습니다.

– 주로 제품 라벨이나 포장을 꼼꼼히 읽는 소비자들이 이 부분에 대해 자주 묻습니다. 앞서 '원료명 및 함량'에 모든 원료가 적혀 있다고 했는데, 여기서 갑자기 원료명에 없던 재료가 등장하기 때문에 당황하거나 화가 난 상태로 문의합니다.
그런데 이 문구는 〈식품 등의 표시·광고에 관한 법률 시행규칙〉에 따라 소비자 안전을 위해 표시하는 내용입니다. 알레르기 유발 물질을 사용한 제품과 작업자, 기구, 제조 라인 등 생산 과정이 동일한 경우 '이 제품은 알레르기 발생 가능성이 있는 ○○을 사용한 제품과 같은 제조 시설에서 만들고 있다'라는 식의 주의 문구를 넣어야 하기 때문입니다. 예컨대 작업자 A가 오징어가 들어간 제품 B를 만들고, 오징어가 들어가지 않은 제품 C를 만드는 작업에 모두 참여한다면, 제조사는 "오징어를 사용한 제품과 같은 제조 시설에서 제조하고 있습니다"라는 문구를 반드시 표시해야 합니다. 혹은 쇠고기나 땅콩 같은 동식물에서 추출한 단백질을 사용하는 공장에서 생산한 제품이라면, 그 제품에 단백질 원료를 사용하지 않았더라도 알레르기 주의 문구를 표시해야 합니다.

즉, 이 안내 사항은 닭, 돼지고기, 쇠고기 등을 실제로 가공하는 공장에서 건강기능식품을 만든다는 의미가 아닙니다. GMP 인증 시설이라도 작업자나 원료 이동 과정에서 미세한 혼입의 가능성이 있기 때문에 표시하는 문구입니다. 일반인은 아무 문제가 없으나 특정 알레르기 환자에게는 치명적일 수 있기 때문입니다. 이 규정은 일반 식품에도 적용되므로 일반 식품을 구매할 때 본인이 정한 가이드라인과 똑같이 이해하면 됩니다. 해당 문구가 소비자에게 혼란을 주고 있는 터라 식약처에서도 알레르기 주의 문구를 개정하기 위해 논의하고 있습니다.

6. 기타

- 제품의 권장 섭취법과 제조사, 유통사, 보관 시 주의 사항, 소비자 상담실 안내 등 필요한 모든 정보를 제품 라벨과 포장에서 확인할 수 있습니다. 만일 궁금한데 여기서 확인하기 어려운 정보가 있다면 제품 라벨이나 포장에 안내된 소비자 상담실로 문의하면 됩니다.

약국에서 만난
건강기능식품

초판 1쇄 발행 ┃ 2019년 11월 25일
초판 3쇄 발행 ┃ 2022년 1월 27일

지은이 노윤정
책임편집 조성우
편집 손성실
디자인 권월화
일러스트 신병근
펴낸곳 생각비행
등록일 2010년 3월 29일 ┃ 등록번호 제2010-000092호
주소 서울시 마포구 월드컵북로 132, 402호
전화 02) 3141-0485
팩스 02) 3141-0486
이메일 ideas0419@hanmail.net
블로그 www.ideas0419.com